우리아이
첫 입학
준비

예비 초등 부모를 위한
학교생활 안내서

우리아이
첫 입학
준비

김성화 지음

서 사 원

첫 입학 준비부터 학습 습관까지, 우리 아이 초등 생활의 모든 것을 알려 드립니다

저는 최근 2년간 연년생 두 남매를 초등학교에 입학시킨 학부모이자, 다양한 아이와 학부모를 만난 13년차 초등 교사입니다. 두 입장을 모두 경험해 보니 아이를 처음 학교에 입학시키는 학부모라면 꼭 알아야 할 알짜 정보를 나누고, 선생님으로서 학부모에게 꼭 전하고 싶은 당부를 전하는 연결 통로 역할을 하고 싶었어요. 이 마음을 담아 선생님이 아니면 알려 줄 수 없는 것들과 엄마가 아니면 눈치챌 수 없는 것들을 균형 잡힌 시선으로 책에 풀어냈습니다.

이 책의 1장에서는 우리 아이 학교생활의 첫걸음이 될

입학 준비 목록을 소개합니다. 아이가 학교생활을 자신감 있게 시작할 수 있도록 학교생활 안팎으로 부모가 무엇을 도와줄 수 있는지 상세히 알려드릴게요.

2장에서는 초등 6년을 책임질 탄탄한 생활 습관 만드는 방법을 전해드립니다. 등교 전 준비, 젓가락 사용법, 화장실 사용법 등 어른에게는 쉽고 간단하지만 아이들 스스로 해내기 어려운 생활 습관을 다져 나가는 방법을 소개합니다.

3장에서는 아이가 학교에 적응하면서 키워 나갈 사회성을 형성하는 방법에 대하여, 4장에서는 학습 습관 만드는 방법을, 마지막 5장에는 학교생활의 핵심인 학습 실력을 쌓는 방법을 자세히 이야기합니다.

각 장에서 아이가 첫 학교생활에서 좌충우돌 겪게 될 상황과 구체적인 해결 방법을 촘촘히 소개했습니다. 제가 제안하는 방법뿐 아니라 각 분야의 전문가 인터뷰도 담아 내용에 풍성함을 더했습니다.

초등학교에 입학한 아이가 바른 습관을 유지하며 탄탄한 학교생활을 이어 가도록 돕는 것은 부모의 몫입니다. 부모의 일관된 관심과 노력으로 당당히 자립할 우리 아이들을 응원합니다. 더불어 아이의 초등학교 입학을 계기로 우리 또한 조금 더 성장하기를 바랍니다.

차례

1장 학교생활의 첫걸음, 입학 준비

2장 학교생활의 기초, 생활 습관 만들기

3장 편안한 학교생활의 필수 조건, 사회성 길러 주기

 4장 자신감 있는 학교생활의 비결, 학습 습관 만들기

5장 학교생활의 핵심, 학습 실력 높이기

초등학교 입학 과정 미리 보기

STEP 1

취학통지서를 받아요

취학이란 의무교육기관에 처음 들어가는 것을 말합니다. 입학을 앞둔 7세 아이의 가정으로 기관에서 의무교육을 받을 준비를 하라는 통지서를 보내는 것이지요.

* 취학통지서는 우편 혹은 인편으로 받게 되며 정부24 등에서 온라인 발급도 가능합니다.

STEP 2

예비소집일에 참석해요

예비소집일은 초등학교 입학생과 보호자가 취학통지서를 가지고 학교에 방문해 입학 등록을 하는 날로, 주로 1월 초에 진행됩니다. 학교 방문 시간은 보호자를 배려하여 보통 오후 4~8시 사이이나, 학교마다 다를 수 있으니 꼭 확인해야 합니다.

* 정부는 예비소집일을 의무교육을 받게 하는 국민의 '교육의 의무'를 지켜줌과 동시에 예비 소집을 통하여 취학 연령기 학생들의 안위를 확인하는 기회로 삼습니다. 따라서 예비소집일에는 반드시 아이와 동행해야 합니다.

STEP 3

입학식 안내를 받아요

예비소집일에 학교에 가서 취학통지서를 내면 봉투에 담긴 서류 뭉치를 나눠 줍니다. 서류는 다음과 같습니다.

· 입학식 일정과 장소
· 돌봄교실 신청서
· 수익자 부담 경비 납부 안내서
· 교육비 지원 안내서
· 입학 준비물 목록 안내서

* 받은 서류는 입학식 날 담임 선생님에게 제출해야 해요. 잘 작성해 두고 입학식 날 빠짐없이 챙길 수 있도록 준비합니다.

꿀팁 콕콕!

예비소집일에 무엇을 하면 좋을까요?

✓ **1학년 교실 위치 알아 두기:** 교실 안에는 못 들어가더라도 두근거리는 마음으로 교실 문 앞까지 가 본다면 학교생활에 대한 아이의 기대감이 더욱 커질 거예요.

✓ **교실 근처 화장실 이용해 보기:** 새로운 장소에서 어른의 도움 없이 혼자 용변을 보는 것이 아이들에게는 두렵고 어려운 일이기 때문에 이런 경험이 화장실에 익숙해지는 데 도움이 됩니다.

✓ **학교 중앙현관 앞 콜렉트 콜 위치 알아 두기:** 핸드폰이 없는 아이들이 보호자와 급하게 연락해야 할 때 이용할 수 있습니다. 엄마 아빠의 핸드폰 번호를 외워 그 자리에서 전화 연습을 해 보는 것도 좋습니다.

자, 이제 다 준비했어요.
초등학교 첫 입학을 진심으로 축하합니다!

1장

학교생활의 첫걸음,
입학 준비

편안한 일상복으로
긴장감 덜어 주기

보온에 신경 써야 하는 3월

입학식 날은 왜 이렇게 추울까요. 긴장되고 불안한 아이들의 마음을 아는지 모르는지 매섭게 칼바람이 불어옵니다. 아이 인생에 첫 공식 행사인 초등학교 입학식. 이 특별한 행사에 걸맞게 얇은 옷에 예쁜 코트를 입혀 보내려 한다면, 잠깐 제 이야기를 들어보고 결정하는 건 어떨까요?

입학식 행사는 일반적으로 운동장이나 강당에 입학생들이 모여 출결을 확인한 뒤 각 교실로 흩어져 담임 선생님과

만남의 시간을 가지는 순으로 진행합니다. 가뜩이나 힘이
잔뜩 들어간 어깨로 긴장한 아이들이 추위에 오들오들 떨
다 행사를 마치고 집에 돌아와 콧물이 찍 흐르고 목이 따갑
다면 3월을 힘차게 시작할 동력을 잃어버리게 될 것입니다.

반짝 추위가 기승을 부리는 3월, 학교 이곳저곳에는 추
위가 머물러 있습니다. 아이들이 생활하는 교실은 적정온
도에 맞추어 따뜻한 온도로 유지되지만 실내화를 갈아 신
는 현관, 아이들이 통행하는 학교 복도, 화장실은 꽤 춥습
니다. 학교에서의 평소 아이들 옷차림을 살펴볼까요? 교실
에서 아이들은 주로 외투를 벗고 생활합니다. 그 옷차림으
로 복도에 나가고, 화장실도 다녀옵니다. 때마다 외투를 입
었다 벗었다 하지 않아요. 그래서 추위를 유난히 많이 타는
아이들은 옷을 여러 겹 겹쳐 입히거나 얇은 조끼, 손수건(넥
워머)으로 보온에 신경 써 주는 것이 좋아요. 3월은 아이의
건강 상태와 정서를 두루 살펴야 하는 중요한 시기입니다.

등교 준비는 편안하게

초등학교에 입학한 아이들은 매일 설레고 들뜬 기분으로
학교에 갑니다. 한편으로는 낯선 곳에 대한 두려움과 긴장
된 마음이 공존하겠지요. 3월에는 평소처럼 일어나 자연스

럽게 아침 생활을 시작하세요. 평소에 먹던 아침 식사로 익숙한 아침을 맞이하게 해 주세요. 몸에 좋다는 약이나 평소 먹어 보지 않은 음식을 억지로 권하지 말고 일주일간 아이의 편안한 마음 상태에 집중합니다.

학교에 입고 갈 옷은 아이가 입었을 때 편안함을 느끼는 옷으로 고르는 것이 좋습니다. 촉감이 예민한 아이는 보드랍고 신축성이 좋은 면 소재의 옷이 좋아요. 옷 속 네임태그가 걸리적거려 수업 시간 내내 집중하지 못하거나 까슬까슬한 소재의 옷 때문에 불편해하는 아이들이 생각보다 많습니다.

한 주간은 멋짐보다 편안함이 우선

긴 원피스, 단추가 많이 달린 셔츠, 허리가 꽉 조이는 바지 등 초등학교에 입학하는 아이에게 예쁜 옷 선물이 많이 들어오지요. 예쁘고 멋진 옷을 입혀 학교에 보내고 싶겠지만 적어도 입학 후 한 주 정도는 참아 주세요. 활동량이 많고 움직임이 활발한 1학년 아이들은 이런 복장으로는 수업 시간 내내 답답하고 불편합니다. 멜빵 치마나 멜빵 바지, 벨트로 여미는 바지, 타이트한 청바지는 화장실 사용이 익숙하지 않은 아이들에게 예기치 못한 당혹스러운 상황을 초래할 수 있습니다. 신고 벗기 편한 신발도 필수입니다. 학교 중앙 현관 앞에서 등교 시간이 훌쩍 지나도록 부츠가 벗겨지지 않아 쩔쩔매고 있는 아이들을 여러 번 보았습니다.

아이가 옷 투정을 한다면

아직 쌀쌀한데 계절에 맞지 않는 옷을 입고 학교에 간다고 떼를 쓰는 아이 때문에 아침마다 한 차례 전쟁을 치르는 부모님의 마음을 이해합니다. 겨울인데 한사코 여름 샌들을 신고 가겠다는 아이의 고집을 꺾지 못하고 착잡하게 학교 가는 뒷모습을 처다보셨겠지요. 감기에 걸리지는 않을까 걱정되겠지만 사실 아이와 사이가 나빠지는 편보다 아이의 선택을 존중하는 편이 나아요.

아이의 선택을 인정해 주세요. 그 선택으로 인한 결과를 스스로 경험하면서 앞으로의 선택을 스스로 결정하게 해야 합니다. 아이가 곧 죽어도 운동화 대신 크록스 슬리퍼를 신고 학교에 가겠다고 고집을 부린다면 그렇게 해도 괜찮습니다. 평소 운동이나 뛰는 것을 좋아하는 아이가 바깥 놀이 시간에 운동화를 신고 오지 않아 안전상의 이유로 활동에 참여하지 못 하는 상황을 경험하면 체육 시간에는 반드시 운동화를 신고 와야겠다고 다짐합니다. 우리는 때와 장소에 맞는 옷차림을 알고 있습니다. 살아오는 동안 여러 차례 시행착오를 겪었기 때문이지요. 이처럼 몇 번의 잔소리보다 한 번의 경험이 더 효과적일 때도 있습니다.

등교 옷차림은 아이가 원하는 대로

부모가 아이의 머리부터 발끝까지 옷을 골라 입혀 주는 대신 아이 스스로 옷을 골라 입고 거울 앞에서 흐트러진 곳은 없는지 주의 깊게 살피는 야무진 아이로 자라도록 도와주는 건 어떨까요? 교실에서 살펴보면 인기 있고 자신감 있는 아이는 멋지고 화려한 옷을 입은 아이가 아니라 옷차림이 단정하고 깔끔한 아이입니다. 명심하세요. 1학년 1학기는 등교 준비를 스스로 해내도록 연습하는 시기입니다. 아이 스스로 해낼 수 있는 수준이 되어야 해요. 아이 혼자 해낼 수 있도록 난이도를 아이의 눈높이에 맞추어 주세요. 이왕이면 혼자 입고 벗기 편한 옷을 사 주고, 아이에게 선택권을 주세요. 혼자 입어도 머리와 손이 '쏙' 하고 나오는 상의, 구르고 달릴 때 쭉쭉 늘어나는 면 소재 바지는 수업시간에 집중력을 높여 주며 어떤 활동이든 활기차게 참여할 수 있는 자신감을 줄 거예요. 학교생활이 절로 즐거워지겠지요?

등교 준비의 모든 과정을 부모가 일일이 다 챙겨 주는 것은 도움이 아닙니다. 가장 좋은 도움은 아이의 현재 정서 상태를 알아차리고, 아이의 입장을 충분히 수용해 주며, 욕구에 민감하고 따뜻한 반응을 보이는 것입니다. 아이들은 부모의 정서적 도움으로 어려운 일에도 유연하게 대처하는 법을 배워 나갈 것입니다. 아이의 초등학교 적응력은 이렇게 길러집니다. 편안한 일상복으로 아이의 학교 적응력을 높일 수 있다니 놀랍지요?

꿀팁 콕콕! ·

학습 능률을 높여 주는 복장

· 여름
– 반팔 + 바람막이(카디건)

교실에는 천장형 에어컨이 고정되어 있어 자리마다 바람의 세기가 달라요. 앉은 자리에 따라 춥거나 덥게 느껴질 수 있지요. 춥거나 더울 때 입고 벗을 수 있는 바람막이를 꼭 챙겨 주세요.

· 겨울~3월 초
– 내복+긴팔 상하의+조끼+넥워머
– 털 실내화

보온을 유지하려면 얇은 옷을 여러 겹 겹쳐 입히는 게 좋습니다. 너무 두꺼운 스웨터나 부피가 큰 옷은 땀이 쉽게 나고 활동하는 데 불편하기 때문입니다. 추위를 많이 타는 아이라면 털 실내화를 준비해 주어도 좋아요.

· 환절기
– 긴팔 상하의 + 바람막이(카디건)
등교할 때는 분명 쌀쌀했는데 학교 운동장에서 신나게 뛰어놀거나 줄넘기 연습을 하고 나면 땀이 흥건하게 맺히는 환절기에는 얇은 바람막이를 챙겨 주세요. 춥고 더울 때 입고 벗는 연습도 미리 하면 좋아요.

학습에 방해되는 복장

· 체육 수업이 있는 날
– 부츠, 장화, 크록스 슬리퍼, 치마
체육 수업이 있는 날을 반드시 체크해서 그날만큼은 편하게 뛰어놀 수 있는 복장으로 입혀서 보내 주세요. 그래야 안전하고 재미있게 수업에 참여할 수 있습니다.

. . . .

핵심 콕콕!

✔ 입학식 후 적어도 일주일은 멋을 내는 옷 대신 편안한 옷 입히기
✔ 아이 스스로 옷을 고른다면 선택을 존중하고, 그 결과에 책임지게 하기
✔ 아이가 혼자서 등교 준비를 할 수 있도록 차근차근 도와주기

견고하고 튼튼한
학용품 고르기

아이가 초등학교에 입학하여 처음 사용할 물건을 사는 것은 참 설레는 일입니다. 중학교 입학을 앞둔 겨울방학, 손을 호호 불어 가며 설레는 마음으로 문방구 문을 열고 친구와 문구류를 골랐던 느낌과 비슷하지요. 이왕이면 잘 준비해 주고 싶은 게 부모 마음입니다. 편리하고, 효율적이고, 오래 쓸 수 있는 아이의 물건을 신중히 골라 보았습니다.

필통

철 또는 플라스틱 필통은 아이가 가방에 넣고 걷거나 뛸 때마다 책가방 속에서 요란한 소리를 냅니다. 이런 소재의 필통은 책상 귀퉁이에 올려 두었다가 떨어뜨리기라도 하면 큰 소리가 나고, 심지어 부서지기도 해요. 갑자기 떨어진 필통 때문에 수업 흐름이 끊기거나 아이가 집중 받는 민망한 상황을 경험할 수 있지요. 그래서 학교에서는 헝겊 소재의 필통 구입을 권합니다. 단, 헝겊 필통이 너무 흐물거리면 연필이 자주 부러질 수 있고, 너무 밝은 색이면 쉽게 더러워집니다. 헝겊 필통을 여닫을 때 지퍼 상태도 확인해 보아야 해요. 어떤 아이라도 쉽게 여닫을 수 있어야 합니다. 너무 큰 필통은 무거우니 적당한 크기를 고르세요.

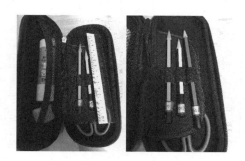

학교에서 추천하는 헝겊 필통

제 아이의 필통을 구입할 때 고학년인 저희 반에서 공부 습관이 잘 잡힌 아이들이 애용하던 디자인을 떠올려 보았어요. 그 아이들의 필통에는 공통점이 있었습니다. 단단한 형태의 필통이라 쉽게 망가지지 않고, 지퍼 여밈이 열고 닫기 편합니다. 내부에는 연필 세 자루 정도는 거뜬히 끼워 고정할 수 있는 고무줄이 있어 가방에서 필통이 여기저기 뒹굴어도 연필심이 망가지지 않습니다. 넉넉한 수납공간 덕분에 자주 사용하는 가위, 딱풀, 자, 지우개 모두 넣어 두어도 끄떡없습니다. 사물함이나 서랍 속을 뒤적일 필요 없이 편리하게 사용할 수 있지요.

물병

초등학교에서는 코로나19 감염병 예방과 개인 위생을 위해 아이들에게 개인 물병을 지참하게 합니다.

아이가 쓸 물병으로 돌려서 열거나, 마개 뚜껑이 분리되어 있거나, 여러 단계의 조작이 필요한 물병은 추천하지 않습니다. 목이 마른데 물병 뚜껑을 열기가 어려워 끙끙대는 아이들을 여럿 보았거든요. 저는 '원터치 스테인리스 물병'이라고 검색하여 안전하고 튼튼한 물병을 구매했습니다. 한 번만 누르면 마개가 열려 덥고 목마를 때 언제든 마시기

추천하는 물병

편리하고, 물병 주둥이도 나와 있어 물을 흘리지 않고 잘
마실 수 있어요. 게다가 스테인리스 소재라 아침에 담아 둔
물이 오랫동안 시원하게 보관되더라고요. 조금만 움직여
도 무더운 여름, 체육 활동 후 시원한 냉수를 먹었으면 하
는 엄마의 마음까지도 시원하게 보관해 주는 똑똑한 녀석
이에요.

책가방

책가방은 초등학교 입학을 앞두고 가장 고심하여 고른
물건이 아닐까 싶어요. 오래 사용할 물건이니 이왕이면 잘
골라야겠죠? 적어도 몇 년은 매일 아이와 동고동락하게 될
물건이니까요. 책가방은 책상 좌우에 있는 가방걸이에 단
단히 걸 수 있는 고리가 있고, 가벼우며, 세워 놓아도 바닥

에 닿지 않고 탄탄하게 모양이 잡히도록 책가방 바닥 모서리에 징이 박혀 있는 것이 좋아요. 비 오는 날 물에 닿아도 수건으로 닦으면 금방 마르는 소재인지, 가방끈이 흘러내리지 않게 하는 체스트 벨트가 있는지도 살펴보세요. 넉넉한 수납공간과 물병을 꽂을 수 있는 칸도 있으면 금상첨화입니다. 실내화 가방과 세트로 구매해도 좋지만, 요즘은 실내화를 학교에 놓고 다니게 하는 학교도 있으니 학교 상황에 맞춰서 구매하세요.

아이는 엄마가 사준 가방을 명품 가방 아끼듯 소중히 다루지 않습니다. 친구를 만나 놀 때면 책가방은 어디엔가 아무렇게나 던져 놓기 마련이지요. 그러니 너무 고가의 책가방을 사는 것은 추천하지 않습니다.

입학하기 전 아이 스스로 책가방에 물건을 가지런히 넣어 지퍼를 잠그고, 어깨에 가방을 매는 것을 함께 연습해 보는 게 좋습니다. 입학에 필요한 필통, 물병, 책가방 세 가지 비밀 병기의 기능성과 가격은 부모님의 기준으로 하되, 디자인이나 색깔, 취향은 아이의 생각을 반영하여 고르는 것도 잊지 말아야 합니다.

✔ 필통: 흐물거리지 않는 형태, 적당한 크기에 수납 공간이 넉넉한 헝겊 필통으로 구입하기

✔ 물통: 아이가 쉽게 물을 마실 수 있는 원터치 스테인리스 물병으로 구입하기

✔ 책가방: 가방걸이에 걸 수 있는 고리가 있고, 가볍고 금방 마르는 소재에 수납 공간이 넉넉한 가방으로 구입하기

입학 준비물에
네임 스티커 붙이기

이름 쓰기에 집착하는 선생님이라고 놀리셔도 좋습니다. 결론부터 말할게요. 꼭 물건에 이름을 써 주세요. 아이들이 가고 난 교실 바닥에는 주인을 잃은 수많은 학용품이 떨어져 있습니다. 아이 이름이 적혀 있으면 바닥을 청소하면서 책상 위에 올려 두면 되지만, 누구 것인지 알 수 없는 물건은 교실 속 분실물 상자로 옮겨져요. 종업식까지 주인의 손길에 닿지 못한 이름 없는 물건들은 분실물 상자에 처량하게 남겨집니다. 어릴 적엔 참 궁금했어요. '선생님 책상에는 왜 이렇게 연필이 많을까?' 하고요. 제가 초등학교 선생님이 되어서야 비로소 알게 되었어요. 학생들이 찾아가지 않는 필기구들이 매년 쌓여 연필꽂이가 가득 찬다는 사실을요.

교실은 그렇다 치고 전교생의 분실물이 모여 있는 분실물 수거함을 살펴볼까요? 학교마다 1층 한 곳에 분실물 수거함이 마련되어 있습니다. 이곳엔 물병, 신발, 실내화, 줄넘기, 점퍼 등 누군가가 정기적으로 폐기하지 않으면 안 될 만큼 물건들이 가득 차 있어요. 그나마 이름이 적혀 있는 것은 주인에게 돌아갈 희망이라도 있지만 물건 대부분은 결국 폐기 처분 되고 맙니다. 분명 정성과 시간, 비용을 들여 구입한 물건일 텐데 말이에요.

네임 스티커 활용하기

네임 스티커에 학년, 반, 번호까지 구체적으로 적을 필요는 없어요. 학년, 반, 번호가 매년 달라지기도 하고 갑자기 계획에도 없던 전학을 하는 변수도 생깁니다. 그러니 아이 이름이 잘 보이는 네임 스티커를 구매하세요. 그리고 네임 스티커 한 세트를 가방에 넣어 두어 아이가 수업 시간에 활용할 수 있게 합니다. 국어 활동지나 미술 활동 결과물에도 스티커를 떼서 착 붙이기만 하면 되니 편리합니다. 학교에서 새로 받은 물건에 이름을 써야 할 때, 물건에 붙였던 이름표가 덜렁거릴 때 아이가 스스로 붙일 수 있어요.

딱풀 뚜껑에도 네임 스티커 붙이기

입학하면 학용품을 챙기는 것부터 아이가 해 봐야 합니다. 색연필은 낱개마다 네임 스티커를 붙이고, 교과서, 학용품이 아닌 개인용품(물병, 청소도구, 고리 손수건 등)에도 반드시 이름을 써야 합니다. 학교에서 1학년 예비소집일에 배부하는 1학년 학교생활 안내서를 보면 외투, 모자, 신발 안쪽에도 이름을 쓰도록 안내하고 있어요.

예전에 네임 스티커를 앞, 뒤로 붙여둔 교과서와 공책을 보며 참 센스 있다고 생각한 적이 있어요. 담임 선생님은 알림장, 받아쓰기 공책, 국어책, 수학익힘책 검사를 포함한 학생들의 수행 과정을 확인할 일이 많아요. 하루에도 여러 번, 20여 명의 결과물을 체크합니다. 공책 앞, 뒤에 붙여 둔 네임 스티커 덕분에 과제를 돌려줄 때 수고로움을 크게 덜 수 있었습니다. (학기 말이 되면 글씨체만 봐도 교과서와 공책의 주인공을 찾아내는 초능력이 생기긴 하지만요.)

아이 손에 연필 다음으로 자주 닿는 딱풀 뚜껑에도 네임 스티커를 붙여야 합니다. 이렇게 이름 쓰기를 강조하는 이유는 멀쩡한 딱풀이나 사인펜도 뚜껑을 찾지 못해 일주일 만에 물건의 수명을 다하는 경우가 허다하기 때문입니다. 또한 이름 없는 물건의 주인이라고 주장하는 아이가 둘일 경우 주인을 찾지 못해 싸움이 벌어지기도 합니다.

풍족함이 독이 되지 않도록

물건에 이름을 써서 붙이는 행동을 통해 아이는 물건에 대한 애착과 책임감을 기를 수 있습니다. 물론 이름을 꼬박꼬박 쓴다고 해서 책임감이 콩나물시루에 콩나물 자라듯 금방 무럭무럭 자랄 수는 없습니다. 아이가 물건을 잃어버리면 다시 사 주면 돼요. 간단합니다. 다만, 아이들을 위한 풍족함이 오히려 독이 되지 않도록 주의해야 합니다. 내 물건이기에, 내가 주인이기에 소중히 여기는 마음을 어릴 때부터 갖도록 하는 것이 중요합니다. 물건을 헤프게 다루는 아이의 습관은 놀랍게도 소비 습관과도 연결됩니다.

지원 : 엄마, 나 필통 잃어버렸어. 교실에도 없고, 방과 후 교
　　　실에도 없어. 어디에 뒀는지 모르겠어.
엄마 : 그거 네 입학 선물로 이모가 사 준 거잖아.
지원 : 새로 사면 되지.

엄마 : 이모가 널 사랑하는 마음을 담아 사 준 건데, 이모가
　　　알면 속상하지 않을까?

지원 : 엄마 돈으로 사 주면 되지.

엄마 : 지원아, 엄마 아빠가 버는 돈은 우리 가족이 꼭 필요
　　　한 곳에 계획적으로 사용하고 있단다. 이제부터라도
　　　네 물건의 주인은 너라는 생각으로 아끼고 사랑해 주
　　　었으면 해. 지원이가 아끼고 사랑해 주면 물건도 지원
　　　이 곁에서 오랜 시간 너와 함께 생활하면서 너만의 특
　　　별한 물건이 될 거야.

　1학년 때부터 자신의 물건을 잘 챙기고, 아끼고, 사랑하
는 마음을 기르도록 도와주세요. 어른이 되어서도 꼭 갖추
어야 하는 중요한 마음입니다.

핵심 콕콕!

　✓ 이름만 적힌 심플한 네임 스티커 구매하기

　✓ 준비물마다, 심지어 딱풀 뚜껑에도 이름 쓰기

　✓ 아이가 물건에 주인의식을 갖도록 돕기

시간 약속의 출발은
등교 시간 지키기

등교 시간 10분 전에는 교문에 도착하도록

학교마다 다를 수 있으나 대체로 초등학교의 등교 시간은 9시입니다. 1교시 시작종 치는 소리에 맞춰 빠듯하게 도착하는 것보다 등교 시간 10분 전에 도착하는 것이 좋아요. 이때 10분 전은 '교문을 통과하는 시간'을 말해요. 교실 문 앞이 아닙니다.

특히 1학년은 등교 시간 10분 전에 교문을 통과하는 습관을 들이는 것이 좋습니다. 그 이유를 하나씩 이야기해 볼

게요. 먼저, 1학년 아이들은 순서에 맞춰 다음 일을 해내는 속도가 느립니다. 해야 할 일은 다음 학년으로 올라가도 똑같아요. 등교 후 수업 시작 전 해야 할 일에는 어떤 것들이 있을까요? 아이의 시점에서 학기 초 아침 일과를 살펴볼까요?

- 교문을 통과한 뒤 중앙 현관에 도착하여 실내화를 갈아 신는다.
- 계단을 올라 교실에 들어가 실내화 가방을 신발장에 넣고 담임 선생님, 친구들과 인사한다.
- 자리에 가방을 걸고, 외투를 벗는다.
- 가정통신문, 과제물 등을 가방에서 꺼내 제출한다.
- 필통과 물병을 꺼내 놓고 오늘 시간표를 확인한다.
- 시간표에 맞춰 교과서를 준비하고, 칠판이나 TV에 적힌 아침 특별 활동을 한다.
- 수업 시작 전에 화장실에 미리 다녀온다.

학교에 도착해서 기본적으로 해야 할 일이 이렇게나 많습니다. 할 일을 하는 도중에 친구가 말을 걸거나 교실에 놓인 장난감에 눈길이 간다면 속절없이 시간이 흐릅니다. 그런데 너무 촉박한 시간에 교실에 도착하면 1교시 수업을 차분하게 시작할 수 있을까요? 분명히 무엇인가 하나는 놓치거나 시작도 하지 못한 채 정신없이 하루를 시작할 거예요.

제시간에 등교해야만 누리는 아침 특별활동

초등학교는 첫 수업 시작 전까지 학급마다 특색 있는 아침 활동이 이루어집니다. 아침 독서, 수학 퀴즈, 생각 발표, 연산 훈련, 세 줄 글쓰기 등 지속적으로 하면 반드시 도움이 되는 유익한 활동들이 매일 아침의 과제로 제시됩니다. 제시간에 등교하는 아이들은 이 활동에 꾸준히 참여해서 확실히 실력이 늘어요. 학교에 따라 스포츠클럽 활동을 아침에 하기도 합니다. 등교 시간이 늦는 친구들은 아침 활동에 의미 있게 참여하기 어려워요. 이를 위해서라도 등교 시간에 신경 써야겠죠?

매일 아침 해야 하는 일을 착착 해내려면 반복밖에 방법이 없습니다. 반복하다 보면 속도가 붙어요. 빨리 끝내는 요령도 터득하고요. 반복을 통해 습관이 형성됩니다. 1학년 아이가 부모의 기대만큼 빠릿빠릿하게 움직여 주기를 바라는 것은 지나친 욕심이 아닐까 싶습니다. 아이의 성장을 위해 도움을 주고 싶다면, 조금 일찍 학교에 보내 주세요. 아이에게 여유로운 아침 시간을 준비해 주세요.

제시간에 등교해 아침 활동을 하는 아이들의 미래

담임 교사는 아침에 가장 일찍 도착해 교실의 처음과 끝을 봅니다. 매년 새로운 아이들을 만나지만 학급의 많은 아이 중 사소하지만 확실한 학습 습관을 갖추어 빛을 반짝이는 아이들이 있습니다. 매일 아침 여유 있게 등교하여 자기 자리를 정리하고, 해야 할 일을 마친 뒤 조용히 독서의 꿀맛을 맛보는 아이들입니다. 이런 유형의 아이들은 아무도 모르게 특별한 능력을 차곡차곡 쌓아 갑니다. 12년의 교직생활 동안 맡는 학년이 바뀌어도 매년 이런 유형의 아이들이 있다는 사실을 눈으로 확인하면서 이 아이들의 학습 저력은 '아침 습관'에 달려 있다는 결론을 내렸습니다.

시간 약속은 인간관계의 기본

흔히 지각은 습관이라고 하지요. 어느 반이든 꼭 지각 대장이 한두 명 있습니다. 예전에 저희 반에서 지각 대장으로 유명했던 아이가 현장 체험학습 날에도 늦게 왔습니다. 현장 체험학습은 단체로 움직여야 해서 모두가 도착해야 출발할 수 있어요. 아이들은 오지 않는 친구를 기다리며 발을 동동거렸습니다. 분명 전날 알림장에도 평소보다 10분 일찍 교실에 도착해야 한다고 써 주었고, 집에 가는 아이를 붙잡고 절대 늦으면 안 된다고 신신당부도 했지만, 결국 늦고 말았습니다. 반 아이들은 평소 그 아이의 밝고 유쾌한 성격을 좋아했지만 이렇게 중요한 일정이나 친구끼리의 약속에도 여지없이 늦는 습관 때문에 불편한 일이 잦았습니다.

시간 약속은 서로 간의 신뢰입니다. 아이가 평소 준비 시간이 늦거나 아직 시간 약속에 대한 개념이 부족하다면 시간 약속이 중요한 이유를 정확히 알려 주고, 반드시 지킬 수 있도록 반복해서 지도해 주어야 합니다.

핵심 콕콕!

✔ 등교 시간 10분 전에 교문 통과하기

✔ 교실에 일찍 도착해서 아침 특별활동에 참여하기

✔ 인간관계의 기본! 시간 약속의 중요성 알려 주기

안전한 등·하굣길을
충분히 경험하기

아이가 학교에 도착하기까지의 동선은 횡단보도를 최대한 덜 건너도록 짜는 것이 가장 좋습니다. 가는 길이 짧아도 갑자기 튀어나오는 차량이 많은 곳이라면 조금 둘러 가더라도 안전한 길을 택하는 것이 기본입니다. 아이들은 어른과 달리 멀리, 넓게 보지 못합니다. 아이들은 학교 가는 길에 저 멀리 친한 친구가 보이면 반가운 마음에 일단 뛰어가고 봅니다. 마치 초보 운전자가 앞만 보고 달리는 것처럼

37

아이들은 그저 앞만 보고 가지요. 그래서 저는 아이 혼자 걸어가는 등굣길 독립을 위해 3월부터 아파트 단지 내의 인도로만 등굣길 동선을 짜서 연습했어요. 그 이유는 이렇게 걷는 길이 아이가 늦잠을 자서 뛰어가도, 부모가 곁에 없어도 혼자 안전하게 갈 수 있는 최선이라고 생각했기 때문입니다.

여러 번 걸어 보고 익숙하게

공간 감각이 뛰어난 사람이 있고 그렇지 않은 사람이 있어요. 아이가 길을 익히는 감각이 부족하다면, 학교 가는 길을 여러 번 걸어 보고 익숙해지게 하는 것이 좋아요. 어른도 처음 가 보는 길은 도착지에 닿기까지 한없이 멀게만 느껴집니다. 평소에 가족이 주로 다니는 길이 학교 주변이 아니라면 입학 전부터라도 자주 학교 가는 길을 걸어 보세요. 가는 길에 아이의 익숙한 경험과 연결 지을 곳이 있다면 다음과 같이 익숙해지게 돕는 것도 좋은 방법입니다.

- 이제 분리수거함이 나올 거야. 이제 반 정도 왔어.
- 여기는 효주가 사는 곳이지? 여기서 오른쪽이야.

핸드폰이나 책 보면서 걷지 않기

'스몸비smombie'를 아시나요? 스몸비는 스마트폰을 들여다 보며 길을 걷는 사람들을 일컫는 말로 '스마트폰smart phone'과 '좀비zombie'의 합성어입니다. 스마트폰에 몰입해 주변 환경을 인지하지 못하고 걷는 아이들을 보았는데, '정말 중요한 메시지를 확인하나 보다' 하고 아이 옆을 지나가며 슬쩍 보았더니 아뿔싸! 모바일 게임 중이었어요. 걸으면서 주변을 살피지 않는 아이의 사고 위험도는 단연코 높아요. 가끔 독서광인 아이가 걸어가면서 책을 읽기도 하는데, 두 어깨를 붙잡고 말해 주고 싶습니다. 독서도 때와 장소를 가려서 해야 한다고요.

너무 이른 시간에 등교하지 않기

학교에서 등교 시간을 정해 둔 것은 아이들의 안전한 등교를 위해서입니다. 간혹 일찍 출근하는 부모님 때문에 8시 전후로 교실에 들어오는 아이들이 있습니다. 돌봄 공백을 메우기 위해 도서관을 세이프존Safe Zone(8:00~8:40 운영)으로 활용하는 학교도 있습니다. 일찍 학교에 도착하는 아이들은 도서관에서 책을 읽다 종이 치면 교실로 올라가 하루를 시작하지요. 그러나 세이프존이 없는 학교에서는 일찍 등

교한 아이가 담임 선생님도 없는 불 꺼진 교실 문을 열고 들어가야 합니다. 일찍 교실에 와서 책상에 앉아 할 일을 알아서 척척 시작하는 아이도 있지만, 어른의 손길을 기다리며 복도를 배회하는 아이들도 있다는 거 아시나요? 학교가 아무리 안전하다고 해도 아이의 안전을 지켜 줄 어른이 없는 빈 교실에서 아이의 안전을 장담할 수는 없습니다. 만일 아이보다 일찍 일터로 가야 한다면, 안전한 가정에서 정해진 시간에 현관문을 나서는 약속을 하는 편이 더 좋다고 생각해요.

차근차근 등교 거리 늘리기

만약 불안감이 큰 아이라면 현관문을 나서는 순간부터 마음이 편안해야 합니다. 자신감 있고 편안하게 집을 나서야 아이도 부모도 하루를 힘차게 시작할 수 있어요. 하지만 하루아침에 그럴 수 있나요? 부모가 재촉하고 채근하면 아이는 매일 아침 책가방 어깨끈을 단단히 쥐고 잔뜩 긴장한 어깨로 하루를 시작할지 몰라요. 새 학년이 시작되면 낯선 환경에서 친구를 사귀기 어렵고, 이전보다 어려워진 학습 내용 때문에 새학기증후군을 앓는 아이도 많아요. 분리불안이나 배변 문제로 등교를 거부하는 아이는 매년 어느 1학년 교실이든 꼭 있어요. 무엇인가를 새롭게 도전하는 것은 아이나 어른이나 어렵습니다. 편안한 등교 시간이 되도록 등교까지 시간을 넉넉히 잡고 너그러운 마음으로 차근차근 아이의 등교 독립을 도와야 합니다.

- 오늘은 학교 앞 건널목에서 인사하고 혼자 가볼까?
- 101동 앞에서 재욱이를 자주 보네. 내일은 재욱이랑 같이 걸어가 보는 건 어때?
- 오늘은 다현이 혼자 학교까지 가 보겠다고? 우리 다현이 용기가 쑥쑥 생겨났구나.
- 엄마가 다현이 안 보일 때까지 여기서 잘 지켜보고 있을게. 씩씩하게 걸어가 봐. 화이팅!

핵심 콕콕!

- ✓ 등굣길 동선은 횡단보도를 최대한 덜 건너도록 짜기
- ✓ 등굣길이 익숙해지도록 여러 번 걸어 보기
- ✓ 핸드폰이나 책 보며 걷지 않기
- ✓ 너무 이른 시간에 등교하지 않기
- ✓ 차근차근 혼자 등교하는 거리를 늘리기

하교 후
만남의 장소 정하기

만남의 장소가 필요한 이유

초등학교 1학년은 3월 입학식 이후로 한 달 동안 입학 적응 기간을 갖습니다. 수업도 4교시까지만 하고 점심 식사를 마치고 곧장 귀가하기 때문에 오후 1시 전후로 아이들이 교문으로 쏟아져 나오지요. 아직 아이 혼자서 집까지 걸어가는 것이 어색하고 두려운 단계고 부모의 걱정도 앞서는 시기기에 정문 앞은 아이를 기다리는 엄마, 조부모님, 학원 선생님, 아이 돌봄 선생님 등 각양각색의 보호자들로 인산인

해입니다.

1학년 시기에는 엄마를 만나 함께 하교하는 아이들이 많습니다. 아이들은 아직 학교도 낯선데 하교 후 많은 사람 속에서 엄마를 찾느라 불안한 마음으로 두리번거립니다. 시야에 엄마가 보이지 않으면 당황하거나 울기도 합니다. 그러니 등교하는 길에 아이와 만나기로 한 장소에 세워 놓고 반드시 약속 장소에서 기다리도록 미리 이야기해 주세요. 만일 약속 장소에 엄마가 보이지 않는다면 이리저리 찾아 헤매지 말고 그 자리에서 기다리면 엄마와 만날 것이라고 안심시켜 주는 것이 좋습니다. 아이가 엄마의 핸드폰 번호를 외우게 하는 것도 필요합니다.

맞벌이 가정이라 엄마가 데리러 갈 수 없는 상황이라면 다른 보호자와의 만남의 장소를 아이와 잘 약속해 두세요. 만일 늦게 데리러 올 때는 어떻게 대처할지도 상세히 알려 주어야 당황하지 않아요. 교문 근처 스탠드에 앉아 있는다, 중앙현관에 비치된 콜렉트 콜(수신자 부담 전화)로 엄마에게 전화를 건다 등 취해야 할 행동을 미리 알려 준다면 아이도 스스로 대처할 수 있습니다.

하교 후 학원 차를 타고 이동해야 하는 아이라면 꼭 약속된 장소에 가서 기다리고 절대 돌아다니지 않도록 약속해야 합니다. 차가 다니는 도로 앞이니 조심 또 조심하도록 여러 번 주의를 주어야 해요. 아이의 스케줄 때문에 하교 후 만남의 장소가 자주 바뀌면 아이 입장에서는 혼란스럽습니다. 분명 아이를 위해 애를 쓰고 있지만 아이도 엄마도 지칠 우려가 있습니다. 명심하세요. 1학년 학교생활의 가장 명확한 목표는 일관되고 규칙적인 습관을 통해 안정감과 자신감을 얻는 것입니다.

하교 후 아이와 만나서 어떤 대화를 해야 할까?

"하교 후 아이와 만나 학교생활은 어떤지 물어봤어요. 학기 초에는 묻는 말에 이것저것 이야기하던 아이가 어젯밤엔 '엄마, 이제 그만 물어봐'라고 이야기하더라고요."

아이를 학교에 보내고 나면 부모님은 아이의 학교생활이 궁금합니다. 혹시나 교실에서 소외되지는 않는지, 밥은 잘 먹는지, 수업 시간에 발표는 잘하는지 등 알고 싶은 게 많아요. 그렇더라도 하교 시간에 아이를 만나자마자 숨도 안 쉬고 이것저것 물어보는 엄마의 태도가 반복되면 아이는 점점 대답하기 귀찮아할지도 몰라요. 아이의 입장에서는 부모님에게 이야기할 만한 특별한 일이 없거나 굳이 말할 필요를 못 느낄 수도 있어요. 이것저것 물어도 묵묵부답인 아이의 태도가 답답하다면, 지금까지 내가 해온 말이 아이와 나에게 도움이 되는 방식이었는지 아닌지를 떠올려 보면 좋겠어요.

흔하게 하는 '친구들과 사이좋게 지냈어?'라는 질문은 피해야 합니다. 1학년은 자아 중심적 사고를 하는 시기이므로 친구들과 사이좋게 지내다가도 작은 오해로 인해 토라지기를 반복하거든요. 내성적인 아이라면 오늘 하루 친구보다 책과 더 가까이 지내다가 집에 돌아왔을 수도 있어요. '오늘 재미있었어?'라는 질문도 대답하기 곤란합니다. 학교생활이 매일 짜릿하고 재미있을 수는 없기 때문입니다. 때로는 하기 싫거나 자신 없는 일에도 도전해야 하며, 끝까지 포기하지 않고 해내야 하는 일도 있습니다. 하루 중 가장 힘든 시기에 이 질문을 받으면 재미없는 하루였다고 평가하겠지만, 가장 즐거운 순간에 물으면 오늘이 최고의 날일 수도 있으니까요.

이제부터라도 지금 한 말이 '우리에게 도움이 되는가', '도움이 되지 않는가', 그래서 '앞으로는 어떻게 하면 도움이 될 수 있는가'에 집중하여 질문 방식을 조금씩 바꿔 보는 것은 어떨까요? 아이가 대답하기 좋은 질문으로 소통 방식을 바꿔 보세요.

하교 후 아이와 함께하는 '특급 공감 시간'

첫째, 아이의 눈을 보며 인사합니다. 두 팔을 벌려 안아
주고 따뜻한 목소리로 "학교에서 열심히 공부하느라 고생
많았어"라고 이야기해 줍니다. 눈은 마음을 전하는 통로라
고 합니다. 눈빛, 목소리, 따뜻한 포옹으로 엄마가 아이를
얼마나 사랑하는지부터 전하면 좋겠어요.

둘째, "오늘 학교에서 어땠어? 기억에 남는 일이 있었니?"
라는 질문으로 아이 생각의 물꼬를 트이게 해 주세요. 이
질문은 즐거웠던 일, 속상했던 일, 선생님이 강조한 이야기
등을 묻는 확산적 질문입니다. 아이가 다양한 대답을 편안
하게 할 수 있는 좋은 질문이지요. 저는 아이와 하교 시간
에 만나 기억에 남는 일을 매일 물어보니 이야깃거리가 점
점 늘었어요. 친구가 종이 인형을 접어 주어 기분이 좋았던
일, 연습해 온 젓가락질 실력으로 급식시간에 우동을 다 먹
어 뿌듯했던 일 등을 이야기하고, 저에게 수업시간에 배웠
던 동요를 불러 주기도 했어요. 때로는 친구들과 오해가 생
겨 속상했던 일도 있었는데 아이는 그동안 편안하게 대화
해 온 흐름대로 속마음도 잘 털어놓았어요. 편안한 대화가

잘 이어지는 것만으로도 아이에게 고마웠습니다.

셋째, "그랬구나, 네가 그렇게 생각할 수도 있겠다"라고 인정해 주는 말로 아이의 마음을 채워 보세요. 학교생활을 잘하는 아이든 적응이 어려운 아이든 새로운 도전에는 어려움이 따릅니다. 아이를 걱정하는 마음에 "너만 힘든 거 아니야. 다른 친구들도 다 하는 일이야"라고 차가운 충고를 하기에 앞서 "엄마도 어릴 때 그런 적이 있었어. 곧 적응될 거야" "그래도 우리 아들(딸)이 열심히 학교 생활하는 모습을 보니 너무 대견해" 등 경청과 공감의 말을 먼저 해 보세요. 하고 싶은 말의 순서만 바꾸었을 뿐인데 아이의 속상한 마음이 눈 녹듯 사라질 거예요.

핵심 콕콕!

✔ 하교 후 만남의 장소 정하고 정확하게 알려 주기
✔ 아이가 혼란스러워하지 않도록 만남의 장소를 자주 바꾸지 않기
✔ 하교 후 아이의 이야기를 들어주고 공감하기

2장

학교생활의 기초, 생활 습관 만들기

아이 등교 준비 시간은
넉넉하게 잡기

대한민국의 아침은 분주합니다. 등교하는 학생도, 출근하는 직장인도, 가족을 챙기는 엄마도 모두 바빠요. 교실에서 등교 맞이할 때 보이는 아이들의 표정은 많은 것을 말해 줍니다. 제가 4학년 담임이었을 때 있었던 일이에요. 평소와 다름없던 어느 날 아침, 한 아이가 부모님께 꾸지람을 듣고 등교했습니다. 속상했던 아이는 닭똥 같은 눈물을 뚝뚝 흘리며 1교시 내내 집중하지 못했습니다. 어떤 아이는 부모님께 혼나 속상한 마음을 친구들에게 짜증을 내며 풀기도 하였어요.

가능하다면, 아니 꼭! 등교 전에 가족 모두 행복한 해피아워Happy Hour를 보내세요. 아침에 느릿느릿 준비하는 아이, 차려 준 밥상을 앞에 두고 눈만 끔뻑이는 아이, 우리 아이만 그런 거 아니에요. "너는 왜"로 시작하는 날선 말은 하교 후에 해도 충분하니 등교 전 1시간만큼은 편안하고 따뜻하게 보내세요.

사실, 분주한 아침에 아이가 속 터지게 행동하면 아무리 다정한 엄마라도 화가 날 수밖에 없어요. 하지만 교사로서 말씀드리자면 기분이 나쁜 채로 학교생활을 시작하는 것은 아이에게 좋지 않은 영향을 줍니다. 친구들과 놀다 보면 금세 마음이 풀어질 것 같지만 점심시간쯤 되어서야 비로소 정상 컨디션으로 돌아오는 아이들도 꽤 보았거든요. 그래서 저는 '우리 아이의 등교 전 1시간은 이렇게 보내야지' 하고 마음을 먹었어요.

기상 시간은 1교시 시작 10분 전 학교에 도착할 수 있도록 계산하여 정하기

아이가 학교에 도착해서 가방 정리도 하고 한숨 돌리고 화장실도 갔다가 1교시를 시작하는 것이 좋습니다. 수업 종

치는 소리에 맞춰 교실 뒷문으로 들어오는 아이는 1교시부터 헐레벌떡 시작해야 하거든요. 예를 들어 집에서 학교까지 넉넉하게 도보 10분 거리라면 8시 40분에는 현관을 열고 나가야 하니 7시 40분 알람을 맞춰 둡니다.

7:40	기상
7:40~8:00	아침 식사
8:00~8:40	세수, 양치, 옷 갈아입기, 빠뜨린 것 있는지 확인
8:40~8:50	학교로 출발, 도보
8:50~9:00	학교 도착, 실내화 갈아신기, 인사 책가방과 자리 정리, 화장실 다녀오기
9:00	1교시 시작

책가방과 준비물은 전날 밤에 준비하기

옷을 고르고 책가방에 그날 공부할 교과서를 넣고 준비물을 챙기고… 이 모든 일을 아침에 다 하려면 정신이 없어요. "이거야?" "저거야?" "가방에 넣어?" "어디에 있어?" 아이와의 의사소통만으로도 머리가 핑 돌 만큼 많은 에너지가 듭니다. 전날 밤에 아이와 알림장을 함께 보면서 책가방을 미리 싸 두세요. 가져가야 할 준비물 목록을 보고 꼼꼼히 챙겨 책가방을 아이 방문 앞, 현관문 앞처럼 눈에 띄는 장소에 놓아 둡니다. 그러면 아침에 일어나서 느릿느릿 여유를 부려도 바쁘지 않아요.

아침은 아이가 잘 먹는 메뉴로 적당량만

저희 큰아이는 우유에 시리얼을 말아 먹는 것보다 밥을 좋아해요. 그래서 밥과 아이가 잘 먹는 반찬 한 가지, 과일 정도만 내놓습니다. 더 욕심내서 반찬 가짓수를 늘려 영양소를 다 챙겨 주고 싶지만 다 먹지 않고 가면 화가 나고, 챙겨 주는 데도 에너지가 들어 아이가 현관문을 나서고 나면 기진맥진하더라고요. 아이가 먹는 둥 마는 둥 느리게 먹는다면 빨리 먹어라, 더 먹어라 싸우지 말고 양을 '조금만' 주세요. 저도 아이가 입학하고 한 학기 동안은 아침마다 먹는 것으로 씨름하다가 양을 줄였습니다. 그랬더니 정해진 시간에 다 먹고 가고 시간에 맞춰 움직이게 되었어요. 아침을 안 먹는 어른도 있지만, 성장기인 아이는 아침을 굶으면 안 돼요. 빵 한 조각, 과일 하나라도 꼭 먹여 보내세요.

가끔 물 한 모금 마시는 것도 잊고 활동하는 아이도 있습니다. 교실에서 그런 아이들을 볼 때마다 수업 중간에 물 한 모금 마시라고 챙기기도 했어요. 아침 식사를 안 하고 오는 아이들은 점심시간 전까지 얼마나 허기가 지는지 몰라요. 배고파서 수업시간에 집중력도 흐려지고, 자꾸 책상에 엎드리려 합니다. 한 아이가 쉬는 시간마다 교실 앞 게시판을 뚫어져라 보길래 가까이 가서 무엇을 보는지 살펴보니 이번 달 급식 식단표더라고요. 아이의 반짝이던 눈빛은 다음 수업 시작종과 함께 흐려졌습니다. 그러니 아침은 꼭 먹여 보내 주세요.

일찍 일어날 수 있는 건 일찍 잤기 때문

매일 일정한 수면 시간을 확보하는 것은 규칙적이고 건강한 습관의 기본입니다. 충분히 자야 아침에 가뿐하게 일어날 수 있어요. 아이에게 건강한 수면 습관을 들이려면 가족 모두 저녁 9시에는 TV를 끄고 조용히 잠자리 독서를 하는 분위기가 되어야 해요. 아이는 해야 할 일을 오후에 미리 해 두고, 부모는 늦은 시간에 핸드폰을 보지 않아야 차분한 잠자리 분위기가 만들어지겠죠? 저희 집에는 '스마트 기기와 떨어져 자기'라는 규칙이 있습니다. 그래서 스마트폰 충전도 거실에서 합니다. 충분한 수면이 보약이기 때문입니다. 양질의 수면을 만들어 줄 최적의 환경으로 아이가 꿀맛 같은 잠에 빠지도록 해 보세요.

✔ 학교 도착 시간을 고려하여 기상 시간 정하기

✔ 옷, 책가방, 준비물은 전날 미리 준비하기

✔ 아침 메뉴는 아이가 잘 먹고 좋아하는 메뉴로 적당량만 준비하기

✔ 일찍 자고 일찍 일어날 수 있도록 최적의 수면 환경 만들어 주기

아침, 저녁 시간에
젓가락질 연습하기

학교에서 근무하며 가장 즐거운 시간이 점심시간이었는데, 아이가 입학하고 나니 가장 걱정되는 시간이 되었습니다. 좋아하는 반찬이 한정적인 아이의 눈앞에 점심시간마다 평소에 듣도 보도 못한, 냄새도 맡아 본 적 없는 나물 반찬과 매운 음식들이 나올 테니까요. 학교 급식 식단은 전 학년의 영양을 고려하여 나오는 것이기에 내 아이의 취향에 언제나 맞을 수는 없습니다. 1학년 담임 선생님 대부분은 아이들에게 낯설거나 새로운 음식을 한 번쯤은 맛보라고 권유할 겁니다. 하지만 너무 걱정하지 않아도 됩니다. 아이는 새로운 음식에 도전하는 것을 망설이다가도 용기 내어 작게 한 입 깨물어 보고 맛있다며 눈이 휘둥그레질지 도 모릅니다.

제 첫째 아이는 편식도 심한 데다 음식을 입에 물고 오랫 동안 씹지 않고 딴생각하는 습관을 쉽게 고치지 못했어요. 참 답답했습니다. 평소에도 식탁에 마주 앉아 아이의 먹는 모습을 인내심을 갖고 지켜봐야 하는 것이 곤욕스러웠습니 다. 설상가상으로 아이는 젓가락질도 잘하지 못했어요. 소 근육 발달이 느려서 섬세한 조작능력이 필요한 젓가락질이 빨리 숙달되지 않았어요. 1학기 내내 숟가락 실력만 일취 월장하고 말았습니다. 점심시간에 젓가락질 잘했냐는 물 음에 천연덕스러운 표정으로 오늘은 젓가락 한 짝으로 반 찬을 찔러 먹고 국에 떠 있는 건더기를 건져 먹었다고 말하 는 아이가 얄미워 보일 때도 있었습니다. 젓가락질이 서투 른 아이 때문에 젓가락질을 연습할 수 있는 여러 가지 방법 을 찾아보았어요. 아이의 점심시간이 즐겁기를 바라는 마 음으로요.

첫째, 연습용 젓가락으로 느낌 익히기

입학 전까지 일명 '에디슨 젓가락'으로 불리는 연습용 젓
가락을 사용했어요. 이 젓가락은 손가락을 고리에 끼워 사
용하기 때문에 안정감 있게 받칠 수 있고 검지와 중지만으
로 물체를 쉽게 집어 올릴 수 있어요. 이 젓가락을 이용하
면 적은 힘으로도 젓가락질이 잘 되어 자신감이 늘어요. 대
신, 너무 오랫동안 연습용 젓가락에 익숙해지면 쇠젓가락
으로 단계를 뛰어넘으려 하지 않고 지금의 편한 방식을 선
호하게 돼요. 놀랍게도 학교 급식은 어른용 수저가 나옵니
다. 그러므로 연습용 젓가락 사용이 익숙해지면 반드시 다
음 단계로 넘어가야 합니다.

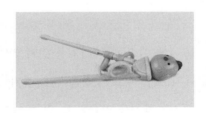

연습용 젓가락

둘째, 일회용 나무젓가락으로 연습하기

쇠젓가락은 무겁고 가늡니다. 아이들은 젓가락 두 짝을

손에 쥐고 있는 것조차 어려워해요. 저는 아이와 먼저 가볍고 두꺼운 일회용 나무젓가락으로 크기가 크고 가벼운 반찬을 집는 연습을 했어요. 뻥튀기, 새우깡처럼 부피가 크고 가벼운 간식을 집어 옮기는 게임을 해 보는 것도 좋아요. 아이가 즐겁게 젓가락질을 연습할 수 있습니다.

셋째, 집에서도 어린이용 젓가락 사용하기

코로나19의 여파로 개인 수저를 가지고 다니는 것을 권장하는 초등학교가 아직 많습니다. 저는 젓가락질이 서툰 아이를 위해 어린이용 젓가락을 집에서 아침, 저녁을 먹을 때도 사용하도록 권유했습니다. 연습 기회를 자주 주었어요. 아이는 손놀림이 익숙하지 않아 집어도 자꾸만 떨어지는 반찬 때문에 식탁 앞에서 많이 울었습니다. 잘하고 싶어 하는 아이의 마음이 절절히 느껴졌지만 혼자서 그 시간을 버텨야 실력이 는다는 것을 알고 조용히 기다렸습니다. 1학년 2학기가 넘어가자 젓가락질에 요령이 생기더니 납작한 김도 잘 집을 수 있게 되었어요. 정말 많이 좋아졌죠?

초등학교에 입학하여 어른의 도움 없이 젓가락으로 식사하는 것이 생소한 아이들이 어렵고 당황스러운 점심시간을 보내지 않도록 가정에서 미리 아침과 저녁에 젓가락을 이용하여 식사하는 시간을 가져 보세요. 엄마 아빠와 함께하는 식사 시간은 실수해도 전혀 부끄럽지 않으니까요. 저녁 식탁에 마주 앉은 우리 아이의 젓가락질 실력이 좋아진 것을 보고 흐뭇한 미소를 짓는 날이 올 거예요.

핵심 콕콕!

✔ 연습용 젓가락 → 일회용 나무젓가락 → 쇠젓가락 순서로 난이도 높이기
✔ 아침, 저녁 식사 시간에 젓가락질 자주 연습하기
✔ 아이 스스로 잘 해낼 거라 믿고 응원하는 마음으로 기다려 주기

학교 화장실
사용 방법 알려 주기

　유치원은 수업 시간도 짧고 화장실에 언제든지 갈 수 있지만 초등학교는 상대적으로 수업 시간이 더 길고, 분위기도 덜 자유롭습니다. 많은 부모님이 수업 도중에는 화장실에 절대 못 가게 하는 거 아닐까 우려하지만 1학년 교실은 수업 중간이더라도 볼일이 급한 아이는 화장실을 다녀오도록 배려하고 있어요. 특히 1학기에는 학생들의 원활한 적응을 위해 수업시간 도중에 자유롭게 화장실을 다녀오도록 허용합니다. 이와 동시에 입학 초기 적응 활동으로 화장

실 이용 교육을 하고 있습니다. 학교생활에 충분히 적응을
한 2학기에는 가능하면 쉬는 시간에 미리 화장실을 다녀오
도록 독려합니다. 아이들의 수업 흐름이 끊기지 않게 하기
위함입니다. 다만, 수업 중간에 화장실에 가고 싶다면 담임
선생님에게 정확하게 의사 표현을 할 수 있어야 해요. 만약
아이가 말하는 것을 어려워한다면 의사 표현 연습이 필요
합니다.

규칙적인 용변 시간 정하기

장 활동이 활발하여 수시로 대변을 보는 아이라면 낯선
화장실에서 부모의 도움 없이 뒤처리하는 것이 두려울 수
도 있지요. 그러니 아침이나 오후에 화장실에 꼭 들르는 습
관을 기르는 것이 좋습니다. 이를테면, 오전 8시 또는 오후
5시처럼 아이의 하루 일과 중 가장 편안한 시간대에 용변을
보는 것이지요. 용변을 보고 휴지로 뒤처리하는 방법도 세
세하게 알려 주세요.

화장실 가는 연습하기

용변 처리 연습을 시작하기 전 아이와 함께 《슈퍼 히어
로의 똥 닦는 법》(안영은 글, 최미란 그림, 책읽는곰, 2018)을

함께 읽어 보았어요. 용변 처리법을 익히기 전 그림책에 나
온 주인공의 행동을 통해 간접 체험하는 것도 큰 효과가 있
거든요. 책을 통해 대변을 보고 닦을 때 화장지는 몇 칸이
적당한지, 화장지를 어떻게 접는지, 몇 번 닦아야 하는지,
닦을 때는 어떤 방향으로 닦아야 하는지 등 아이의 눈높이
에서 이해할 수 있어 큰 도움이 되었어요.

우리 아이를 위한 화장실 사용 에티켓

· 화장실은 가급적 쉬는 시간에 가되 혹시 수업시간에 가고 싶다면
  부끄러워하지 말고 선생님에게 이야기하기

· 배변 활동은 자연스러운 현상이지 부끄러운 게 아니니 편한 마음
  으로 이야기하기

· 화장실 칸에 화장지가 없는 경우도 있으니 화장실 문을 열었을 때
  화장지가 있는지부터 먼저 확인하기

· 화장실을 사용하기 전에 변기가 깨끗한지 확인하기

· 변기 물을 내리고 물이 내려가는 것을 눈으로 확인한 뒤 화장실을
  나오기

· 용변을 본 뒤에는 반드시 손 씻기

아이가 낯선 환경에 예민한 편이라면 공공 화장실 사용

을 꺼릴 수도 있습니다. 그렇다면 공원, 상가, 마트, 백화점에 있는 화장실을 이용할 때 연습해 보는 것은 어떨까요? 휴지를 얼마나 잘라서 접어야 하는지 구체적으로 보여 주고 연습을 하게 해 주세요. 연습하면 늘어요. 청결한 화장실을 유지하기 위해서는 나부터 화장실을 깨끗이 사용하는 것이 중요함을 강조해 주세요.

만일 화장실에서 이런 일이 생긴다면?

아직 화장실 사용이 익숙지 않은 아이들은 화장실에서 여러 상황을 겪게 됩니다. 화장지가 없는 경우, 바지를 잘못 내려서 소변이 옷에 묻은 경우, 앞에 사용한 친구가 물을 내리지 않고 간 경우, 화장실 변기가 몸에 비해 큰 경우 등 일어날 수 있는 상황을 이야기해 주고 대처 방법을 알려 주어야 해요.

화장실에서 난처한 상황이 생기면 선생님이나 친구들에게 반드시 도움을 요청하라고 당부해 주세요. 아이가 실수할 때를 대비하여 사물함에 여벌 옷(속옷과 양말 포함)을 준비해 주는 것도 요령입니다. 학기 초에 여벌 옷을 가방에 넣어 주면서 사물함에 넣어 두도록 알려 주세요.

✓ 편안한 시간에 용변 보는 습관 들이기

✓ 공공장소에서 화장실 사용 연습해 보기

✓ 화장실 사용 방법, 용변 처리 방법을 세세하게 알려 주기

✓ 학교 사물함에 여벌 옷 넣어 두기

e알리미, 귀찮아도
반드시 정독하여 회신하기

우리가 초등학교에 다니던 시절에는 종이로 된 가정통신
문을 받아 절취선을 잘라서 선생님에게 제출했죠. 종이 가
정통신문은 잃어버릴 위험이 큽니다. 그래서 요즘은 종이
가정통신문을 대신하여 온라인으로 확인할 수 있는 'e알리
미 서비스'를 사용하고 있습니다. 학부모는 PC, 스마트폰
을 통해 언제 어디서나 쉽게 회신할 수 있으며, 아이가 가정
통신문을 잃어버려 전달하지 못하는 문제를 해결해 주기도
합니다. 그래서 요즘은 종이에 써서 되돌려 주어야 하는 가

정통신문은 거의 볼 수 없습니다. 대부분의 초등학교에서 입학 전 학교 홈페이지를 통해 e알리미를 미리 설치하도록 공지하고 있어요. 잊지 말고 다운로드하세요.

e알리미 화면

알림은 한 번 클릭했을 때 정독하기

3월 한 달 동안은 학교에서 가정으로 알리는 학사일정, 방과 후 수강 신청, 학부모총회 등 중요한 일정들로 알림이 자주 울릴 거예요. 알림은 한 번 클릭했을 때 정독하여 읽는 편이 좋습니다. 이따 볼 생각으로 집안일, 밀린 일들을 먼저 처리하고 나면 깜빡 잊어 기한을 놓칠 때가 종종 있기 때문이지요. 특히 방과 후 수강 신청, 스쿨뱅킹 신청, 학부모 상담 신청과 같이 정해진 신청 기간이 있는 이벤트는 뒤늦게 신청하기 곤란합니다. 저도 사람인지라 자주 깜빡깜빡해요. 그래서 e알리미 안내를 읽고 신청 기간을 확인한 후, 탁상 달력이나 핸드폰 달력에 곧장 기록해 둡니다.

e알리미는 신청해야 하는 안내 이외에 월별 식단표, 보건 소식, 도서관 소식, 교육청 주최 학부모 교육 등 알아 두면 유용한 소식도 많이 전해 줍니다. 종이 안내장은 분실되거나 찢어지면 당장 다시 확인해 볼 방법이 없지만 e알리미는 앱을 열면 한참 지난 소식도 다시 볼 수 있어 유용해요. 학교에서 보내는 설문지는 반드시 기한 내에 작성하여 회신하는 것이 좋습니다. 교육 공동체(학교, 학부모, 학생)의 의견을 수렴하여 학교의 크고 작은 일을 결정하기 때문입니다.

핵심 콕콕!

✔ 알림을 확인하면 미루지 말고 정독하여 읽기
✔ 회신해야 할 일은 신속하게 회신하기
✔ 중요한 학사일정이나 신청 기한이 있는 공지는 핸드폰이나 탁상 달력에 메모해 두기

가정통신문은
반드시 식탁 위에 두기로 약속하기

아이 : 선생님, 가정통신문이 없어요. 분명히 챙겨 왔단 말이
　　 에요.

선생님 : 그럴 리가, 부모님께서 챙겨 주셨을 텐데.

아이 : (울먹이며) 아니에요! 진짜 없어요!

선생님 : 혹시 네 손에 들고 있는 거, 가정통신문 아니니?

아이 : 네?(종이를 살펴보고) 아… 맞아요.

앞서 학교 소식을 알려 주는 e알리미를 소개했습니다.

e알리미는 전교생을 대상으로 하는 소식을 전할 때 주로 사용하는 편이며 학급 내에서는 필요에 따라 부모님의 확인이 필요한 종이 문서가 오갈 때가 많습니다. 학습활동 결과지, 논술형 평가지, 각종 신청서 등이 있지요. L자 파일을 알림장과 함께 가방에 넣어 두면 잃어버리지 않고 관리할 수 있고 구겨지지 않아 전달하기도 좋습니다.

1학년 아이들은 사물함이나 책상 위, 가방 속에 있는 물건을 주의 깊게 확인하지 않아서 챙겨 오고도 찾지 못할 때가 많습니다. 부모님이 챙겨 준 준비물과 회신용 가정통신문을 찾아 헤매는 일은 1학년 교실에서는 흔한 모습입니다. 아직 자기 물건을 꼼꼼히 챙기지 못하는 시기니 꾸중만 하기보다는 차분하게 물건을 챙기고 제자리에 잘 두는 정리 정돈 기초 습관을 익히는 것이 중요합니다.

아이가 입학한 지 한 달이 지난 4월의 어느 날이었습니다.

"분명히 챙겨 왔단 말이야."

아이의 동공이 사정없이 흔들립니다. 담임 선생님이 알림장에 써 준 가정통신문이 책가방을 온통 뒤져도 나오지 않습니다. 결국 가정통신문을 찾지 못하고 속 터지는 마음으로 담임 선생님에게 한 장 더 보내 달라는 부탁 문자를 보냈어요. 그런데 다음 날, 송구하게도 '나 여기 있소' 하고 가정통신문이 제 눈앞에 떡하니 버티고 있었어요. 민망하기 짝이 없었습니다. 이렇듯 놓치기 쉬운 게 가정통신문입니다. 아이가 잊지 않고 가정통신문을 잘 전달하게 하려면 정해진 곳에 가정통신문을 두어서 부모님이 늦게 오더라도 확인할 수 있도록 약속하는 것이 좋습니다.

아이와 함께 약속하는 가정통신문 규칙

· 학교에서 받은 통신문은 집에 오면 바로 꺼내기

· 엄마나 아빠가 늦게 오더라도 볼 수 있게 식탁에 놓기

· 선생님께 돌려보내는 통신문은 L자 파일에 넣어 가방에 챙겨서 등교하자마자 선생님께 바로 드리기

핵심 콕콕!

✔ 가정통신문은 집에 오면 바로 꺼내 정해진 위치에 두기

✔ 학교→가정 : 교실에서 L자 파일에 곧장 넣어 두기

✔ 가정→학교 : 부모님 확인받고 L자 파일에 곧장 넣어 두기

주기적으로 아이의 치아와 실내화 살펴보기

아이마다 조금씩 차이는 있지만 1학년이 되면 유치가 빠지고 영구치가 나기 시작합니다. 영구치가 바르게 나려면 유치가 제대로 빠져야 합니다. 아이가 치과 가는 것을 두려워한다고 해서, 유치니까 조금 썩어도 괜찮다는 생각에 치과 치료를 차일피일 미뤄서는 안 됩니다. 유치 관리를 제대로 못 하면 주걱턱, 덧니 등 부정교합이 생길 수도 있어요. 이 글을 본 김에 아이에게 한번 말해 보세요.

"아~ 해 볼래?"

마스크에 가려진 아이의 치아 상태

코로나19로 많은 것이 변했습니다. 학기 초 1학년 준비물 목록에서 사라진 게 있다는 사실을 아시나요? 그건 바로 치약과 칫솔입니다. 불과 몇 년 전만 해도 점심 식사 후 아이들이 삼삼오오 모여 화장실에서 양치를 했는데 이제 그런 모습을 더는 찾아볼 수 없습니다. 올해 입학한 아이들은 어린이집, 유치원에서 점심 식사 후 양치하는 습관을 들이지 못했을지도 모릅니다. 마스크 쓰기 습관은 철저히 갖추었으나 상대적으로 치아 관리 습관은 관심 밖이 되었어요.

그러다 보니 마스크 뒤로 숨겨진 아이의 치아 상태는 철저히 엄마의 몫이 되었습니다. 아이의 치아 상태는 부모와 치과의사 선생님만 볼 수 있습니다.

하교 후에 집에 돌아오면 손 씻고 양치질을 하도록 챙겨 주기

점심시간에 건너뛴 양치질은 하교 후 방과 후 학교, 학원 몇 군데를 지나 집에 와서 잠들기 전에야 할 가능성이 큽니다. 오후에 집에 돌아와 손을 씻는 아이에게 양치질을 권유해 주세요. 어린아이의 이는 조금만 방심하면 쉽게 썩더라고요. 치아 정기검진을 한 번 놓치면 어김없이 아이의 이는 썩어 있었어요. 가장 고치기 어려운 게 습관이지만, 가장 큰 힘을 발휘하는 것도 습관입니다. 만일 하교 후 학원으로 곧장 가야 하는 아이가 저녁쯤 되어서야 집에 돌아온다면 중간에 젤리나 캐러멜처럼 이에 달라붙는 간식은 최대한 덜 먹게 하는 게 좋아요. 간식을 먹고 난 뒤에는 물을 마시게 하는 것도 좋습니다.

1학년 건강검진으로 파악하는 아이의 치아 건강

초등학교 1학년 아이들은 정서 행동 발달검사, 건강검진을 받게 됩니다. 학생 건강검진은 학교보건법 제7조 및 학교건강검사규칙 제3조에 의거하여 실시합니다. 비용은 학교 예산으로 지출하므로 무료로 아이의 건강 상태를 알 수 있어요. 검진은 보통 1학기 5월부터 8월 말까지 지역 내에 지정된 병원에 방문하여 받을 수 있습니다. 1학년은 키, 몸무게를 측정하고, 혈액검사, 소변검사, 시력과 청력검사 그리고 구강검진을 받습니다. 구강검진을 하고 나서야 아이의 치아 상태를 확인하고 속상하기 전에 미리미리 잘 관리해 두는 편이 좋겠습니다.

금요일은 실내화 건강 상태를 보는 날

아이가 학교에서 매일, 일과시간 내내 사용하는 용품은 실내화입니다. 성장 속도가 빠른 아이들은 실내화가 금세 작아져요. 부모가 신경 써 주지 못하면 아이가 학교에서 생활하는 내내 작아진 실내화를 구겨 신고 다닐 수도 있어요. 매주 금요일마다 '실내화 빨아 오기'라고 알림장에 적어 주는 담임 선생님의 당부를 확인한 뒤 실내화 가방에서 실내화를 꺼내 보세요.

실내화가 너무 작아지지는 않았는지, 찢어진 데는 없는지, 많이 더러워지지는 않았는지 꼼꼼하게 상태를 살펴 보완해 주세요. 작아지거나 찢어졌다면 주말에 아이와 마트나 문방구에 방문하여 양말을 신긴 채 신어 본 다음 구매하고, 더러워졌다면 매직 블록이나 신발 전용 솔로 쓱쓱 문질러 오염을 닦아 낸 뒤 잘 말려 실내화 가방에 넣어 둡니다. 실내화를 살펴보는 것은 아이에 대한 작은 관심 중 일부일 수 있어요. 하지만 효과는 위대합니다. 엄마의 관심으로 아이는 한 주 동안 단정하고 편안한 실내화로 즐겁게 활동할 수 있어요.

습관은 반복과 관심으로 만들어지는 것

습관은 단 한 번의 시도로 만들어지지도 않고, 습관이 들었다고 해서 그것이 계속되리라는 보장도 없습니다. 저 또한 습관이 되기까지 끊임없이 반복해야 함을 1학년 학부모가 되어서야 제대로 알게 되었거든요. 충분히 준비했다고 해서 아이가 잘할까요? 꾸준히 관리하지 않으면 무너지는 것이 습관입니다. 엄마의 관심과 노력은 1년 내내 계속되어야 하고, 습관은 반복을 통해 지속해야 만들어집니다.

핵심 콕콕!

- ✓ 하교 후 집에 돌아오면 가장 먼저 손 씻고 양치하기
- ✓ 오후 간식으로 젤리나 캐러멜처럼 이에 달라붙는 간식은 최대한 덜 먹게 하기
- ✓ 치과 정기검진 놓치지 않고 다녀오기
- ✓ 금요일에는 실내화를 꺼내 상태 확인하기

아이 성장과 발육
눈여겨보기

눈여겨보아요: 신체 편

교육부에서는 2023년 4월에 2022 학생 건강검사 표본통계(전국 초중고 1,062개교 대상)를 발표했어요. 이 통계의 목적은 전국 초중고 학생들의 신체발달 상황, 건강조사, 건강검진 결과를 분석하여 매년 지속적이고 체계적인 학생 건강 실태를 파악하고 학생 건강 지표를 생성하여 국가 통계로 관리하기 위함입니다. 자료에 따르면 초등학교 1학년 남자아이의 평균 키는 123.4cm, 여자아이의 평균 키는

121.7cm입니다. 평균 몸무게는 남자아이 26.0kg, 여자아이 24.6kg입니다.

첫째 아이가 학교에 입학하고 받은 건강검진에서 1학년 평균보다 훨씬 키가 작고 몸무게도 적게 나간다는 결과표를 받게 되었습니다. 저는 큰 고민에 빠졌습니다. 어릴 때부터 유난히 작아 언젠가는 크겠지 생각하며 지켜봤는데 더 이상 가만히 있어서는 안 되겠다는 생각이 들었기 때문입니다. 그래서 대학병원에 찾아가서 진단을 받아 보았고 아이에게 성장호르몬결핍증이 있다는 사실을 알게 되었어요. 1학년 때 의무로 해야 하는 간단한 검사였지만 검사 덕분에 제때 적절한 치료를 할 수 있었고, 우리 가족에게 전화위복이 되었습니다.

2022 학생 건강검사 표본통계 시력 부문을 살펴보면 2022년에는 시력 이상(안경 등으로 교정 중이거나 나안 시력 좌우 어느 한쪽이 0.7 이하인 경우)의 1학년 학생 비율은 27.51%입니다. 안경을 쓰는 아이가 한 반에 10명 중 3명꼴입니다. 이는 아이들이 미취학일 때 코로나19가 유행하며 정상 등원을 하지 못하고 태블릿이나 컴퓨터 등을 활용한 원격수업이 집중적으로 이루어진 영향으로 풀이할 수 있습니다. 아이가 어느 날 칠판 글씨가 잘 안 보인다고 하거나

멀리 있는 게 안 보인다고 이야기한다면 시력 저하를 의심해 볼 수 있습니다.

눈여겨보아요: 마음 편

사춘기 이전의 우울증이 흔하지는 않지만, 소아의 1% 이하가 우울증을 경험한다고 합니다. 아이들도 좌절하거나 실망했을 때, 무언가를 상실했을 때 우울한 상태가 됩니다. 대부분 이러한 모습이 일시적으로 나타났다가 사라지지만, 일부 아이들의 경우 주변 환경(가족 간의 갈등, 학교 스트레스, 또래 관계)으로 인해 오랜 시간 우울한 상태를 지속하게 되면 소아 우울증을 보인다고 합니다.

혹시 아이가 입학하고 나서 짜증을 잘 내거나, 안절부절못하거나, 반대로 행동이 느려지고 말수가 줄어들지는 않았나요? 갑자기 소리를 지르고 작은 일도 못 참거나 배나 머리, 허리가 아프다고 칭얼댄다면 소아 우울증일 가능성이 있습니다. 이때 부모는 어떻게 도와야 할까요? 아마 아이는 심신이 매우 지친 상태일 거예요. 그러니 아이의 괴로움, 고통, 슬픔을 공감하고 보듬어 주면서 편히 쉬게 해 주어야 합니다. 지금, 아이의 하루 스케줄을 한번 돌아보세요. 하교 후 오후 일정이 너무 빠듯하지는 않나요? 휴식이 없다면 어떤 치료도 유익하지 않습니다. 될 수 있는 대로 아이의 생각과 걱정을 있는 그대로 들어 주세요. 선의에 의한 격려도 어떻게 표현하느냐에 따라 아이에게 압박이 될 수 있습니다. 조급해하지 말고 조용하고 따뜻하게 지켜봐 주세요. 필요에 따라 아이에게 약물치료를 병행하는 것이 좋다고 판단하였다면 교사와 부모, 의사가 함께 행동의 변화와 나타날 수 있는 부작용 등에 대해 의논하여 함께 헤쳐 나가야 합니다.

가정에서 아이의 우울 정도를 가늠해 볼 수 있는 테스트를 소개합니다.

아동용 우울 척도
(CDI: Children's Depression Inventory)(Kovacs M, 1978)

다음에 적혀 있는 여러 가지 느낌과 생각 중에서 지난 2주일 동안의 나를 가장 잘 나타내 주는 문장을 하나 고르게 합니다. 정답이 없는 검사이니 나를 가장 정확하게 표현하는 문장을 고르면 된다고 알려 주세요.

번호	문항	표시
1	나는 가끔 슬프다.	
	나는 자주 슬프다.	
	나는 항상 슬프다.	
2	나에게 제대로 되어 가는 일이란 없다.	
	나는 일이 제대로 되어 갈지 확신할 수 없다.	
	내 모든 일이 제대로 되어 갈 것이다.	
3	나는 대체로 무슨 일이든지 웬만큼 한다.	
	나는 잘못하는 일이 많다.	
	나는 모든 일을 잘못한다.	
4	나는 재미있는 일이 많다.	
	나는 재미있는 일들이 더러 있다.	
	나는 어떤 일도 전혀 재미가 없다.	
5	나는 언제나 못된 행동을 한다.	
	나는 못된 행동을 할 때가 많다.	
	나는 가끔 못된 행동을 한다.	
6	나는 가끔씩 나에게 나쁜 일이 일어나지 않을까 생각한다.	
	나는 나에게 나쁜 일이 일어날까 걱정한다.	
	나는 나에게 무서운 일이 일어나리라는 것을 확신한다.	
7	나는 나 자신을 미워한다.	
	나는 나 자신을 좋아하지 않는다.	
	나는 나 자신을 좋아한다.	

8	잘 못되는 일은 모두 내 탓이다.	
	잘 못되는 일은 내 탓인 것이 많다.	
	잘 못되는 일은 보통 내 탓이 아니다.	
9	나는 죽고 싶다는 생각을 생각하지 않는다.	
	나는 죽고 싶다는 생각은 하지만 그렇게 하지는 않을 것이다.	
	나는 죽고 싶다.	
10	매일 울고 싶은 기분이다.	
	울고 싶은 기분인 날도 많다.	
	때때로 울고 싶은 기분이 든다.	
11	이 일 저 일로 해서 늘 성가시다.	
	이 일 저 일로 해서 성가실 때가 많다.	
	간혹 이 일 저 일로 해서 성가실 때가 있다.	
12	나는 사람들과 함께 있는 것이 좋다.	
	나는 사람들과 함께 있는 것이 싫을 때가 많다.	
	나는 사람들과 함께 있는 것을 전혀 원하지 않는다.	
13	나는 어떤 일에 대한 결정을 내릴 수가 없다.	
	나는 어떤 일에 대한 결정을 내리기가 어렵다.	
	나는 쉽게 결정을 내린다.	
14	나는 괜찮게 생겼다.	
	나는 못생긴 구석이 약간 있다.	
	나는 못생겼다.	
15	학교 공부를 해내려면 언제나 노력해야만 한다.	
	학교 공부를 해내려면 많이 노력해야만 한다.	
	별로 어렵지 않게 학교 공부를 해낼 수 있다.	
16	나는 매일 밤 잠들기가 어렵다.	
	나는 잠들기 어려운 밤이 많다.	
	나는 잠을 잘 잔다.	
17	나는 가끔 피곤하다.	
	나는 자주 피곤하다.	
	나는 언제나 피곤하다.	

18	나는 밥맛이 없을 때가 대부분이다.	
	나는 밥맛이 없을 때가 많다.	
	나는 밥맛이 좋다.	
19	나는 몸이 쑤시고 아픈 것에 대해 걱정하지 않는다.	
	나는 몸이 쑤시고 아픈 것에 대해 걱정할 때가 많다.	
	나는 몸이 쑤시고 아픈 것에 대해 항상 걱정한다.	
20	나는 외롭다고 느낀다.	
	나는 자주 외롭다고 느낀다.	
	나는 항상 외롭다고 느낀다.	
21	나는 학교생활이 재미있었던 적이 없다.	
	나는 가끔씩 학교생활이 재미있다.	
	나는 학교생활이 재미있을 때가 많다.	
22	나는 친구가 많다.	
	나는 친구가 좀 있지만 더 있었으면 한다.	
	나는 친구가 하나도 없다.	
23	나의 학교 성적은 괜찮다.	
	나의 학교 성적은 예전처럼 좋지는 않다.	
	예전에는 무척 잘하던 과목의 성적이 요즘 뚝 떨어졌다.	
24	나는 절대로 다른 아이들처럼 착할 수가 없다.	
	나는 마음만 먹으면 다른 아이들처럼 착할 수가 있다.	
	나는 다른 아이들처럼 착하다.	
25	나를 진심으로 좋아하는 사람은 아무도 없다.	
	나를 진심으로 좋아하는 사람이 있을지 확실하지 않다.	
	분명히 나를 진심으로 좋아하는 사람이 있다.	
26	나는 누가 나에게 시킨 일을 대체로 한다.	
	나는 누가 나에게 시킨 일을 제대로 하지 않는다.	
	나는 누가 나에게 시킨 일을 절대로 하지 않는다.	
27	나는 사람들과 사이좋게 지낸다.	
	나는 사람들과 잘 싸운다.	
	나는 사람들과 언제나 싸운다.	

아동 우울성 척도는 아동의 인지적·정서적·행동적 증상을 포함하는 우울정서·행동장애·흥미상실·자기비하·생리적 증상의 다섯 가지 범주로 총 27개 문항으로 구성되어 있습니다. 각 문항의 점수는 정도에 따라 0~2점으로 표시하며, 채점 가능 범위는 0~54점입니다. 성인용과 마찬가지로 점수가 높을수록 우울 정도가 심하다고 해석할 수 있습니다.

꿀팁 콕콕! ·····································

학생정서·행동특성 검사란?

전국의 1, 4학년 초등학생을 대상으로 하는 검사로, 아이들의 성격 특성과 정신 건강의 문제를 조기 발견하여 악화를 방지하고, 적절한 개입으로 학습 부진 문제, 학교생활 부적응 문제를 예방 및 관리하기 위해 실시합니다. 학생정서·행동특성 검사(초등학생용)(CPSQ-II) 문항지는 가정에서 부모님이 작성하는 것이므로 아이에 대한 평소 생각을 솔직하게 답변해야 가능한 범주 안에서 정확한 결과를 얻을 수 있습니다. 단, 이 평가는 의학적 진단을 위한 것은 아닙니다. 검사 결과는 생활기록부나 기타 기록으로 남지 않으며 검사 도구별 기준 점수 이상이면 전문가 상담을 받을 수 있습니다. 혹시 결과가 정상치로 나왔으나 학교생활에서 부적응 행동을 보인다면 담임 선생님과 꼭 상담을 해 보세요. 집에서는 미처 몰랐던 아이의 고충이나 심리적 문제 등을 알 수 있는 것은 물론이고 필요하다면 전문가의 도움도 받을 수 있습니다.

··

3장

편안한 학교생활의 필수 조건, 사회성 길러 주기

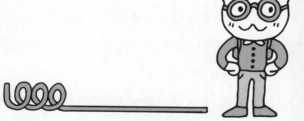

정리 정돈, 간단하게 해내는 방법 알려 주기

"우리 애는 물건을 쓰고 제자리에 두는 걸 못 봤어요."

"아침마다 물건 찾는 일로 전쟁이에요, 전쟁."

"남자아이라 따라다니며 뒤치다꺼리를 해 줘야 그나마 숙제라도 한다니까요."

"아니 글쎄, 우리 애 책가방을 열어 봤는데 휴지통인지 책가방인지 구분이 안 돼요."

아이가 학교에 입학하면서 정리 정돈에 관한 문제로 너

나 할 것 없이 잔소리가 늘어납니다. 아이에게 정리 정돈의 중요성을 누누이 강조하지만, 아이를 혼내는 목소리만 점점 커질 뿐, 막상 아이에게 정리 정돈하는 습관을 들이기가 어렵습니다.

1학년부터 정리 정돈 습관을 들여야 하는 이유

교실마다 안쓰러운 책상들이 있습니다. 쑤셔 넣은 책과 학습지로 책상 서랍이 책을 뱉어 내기 일보 직전이지요. 성별과 학년을 막론하고 정리 정돈을 잘 못하는 아이들을 매년 만납니다. 안타까운 마음으로 책상의 주인인 아이에게 물어보면 정리 정돈이 어렵다고 해요. 어떻게 하는지 모르겠다고 대답하는 아이도 있었어요. 아이들에게 정리 정돈은 공부처럼 어렵게 느껴집니다. 어려우니 하기 싫어지는 것이지요. 책상 위에 물건들을 늘어놓은 아이는 수업시간 도중에도 관심이 온통 다른 데로 가서 집중하지 못 하는 게 당연합니다.

부모가 자녀에게 남겨 줄 수 있는 최고의 유산은 좋은 습관이라는 말이 있습니다. 특히, 정리 정돈은 물건을 정리하는 것뿐만 아니라 시간 관리, 인간관계, 생활 리듬과도 연관이 있습니다. 주변이 정리되어 있지 않아 어수선하면 머릿

속도 덩달아 어수선해집니다. 그러다 보면 일의 순서를 잊거나 중요한 일을 그르치는 불상사도 생깁니다.

아이들은 왜 정리 정돈을 어려워할까?

아이들이 정리를 어려워하는 이유는 크게 두 가지입니다. 같은 물건을 종류별로 분류하는 법을 모르거나, 자신의 물건을 스스로 정리하는 생활 습관이 안 잡혀 있는 경우이지요.

분류 능력이 부족한 아이라면 같은 종류의 물건을 분류하고 정리하는 방법을 가르쳐 주면 됩니다. 색연필은 색연필끼리, 책은 책끼리 두는 것을 먼저 가르쳐 주는 겁니다. 정리하는 습관이 아직 제대로 형성되어 있지 않다면 구체적으로 어떤 부분이 잘 안 되는지 파악하여 행동을 수정하고, 수정한 행동을 반복하여 습관화하도록 도와주어야 합니다.

초등학교에서 1학년은 한 달의 입학 적응 기간, 2~6학년은 매년 3월 적응 기간에 담임 선생님이 자기 주변을 정리 정돈하는 방법을 세세히 알려 줍니다. 다음과 같이 교실에서 생활하는 동안 꼭 알아서 해야 하는 정리 정돈 몇 가지를 습관화하도록 반복하여 지도하지요.

책상/사물함 정리 정돈

- 수업에 필요한 것과 필요하지 않은 것부터 구분하기
- 책상 위에는 교과서, 공책, 연필과 지우개만 꺼내 놓기
- 사물함에는 자주 쓰는 휴지, 물티슈, 부피가 크거나 무거워서 날마다 들고 다니기 번거로운 물건(교과서, 클리어 파일)들을 보관하기
- 책상과 사물함을 자주 살피고 정리하기

가정에서 알려 주는 정리 정돈의 원칙

가정에서의 정리 기본원칙은 '필요 없어진 물건은 다른 사람에게 나누거나 버리기'이며, 정돈 기본원칙은 '물건을 제자리에 두기'입니다. 방법을 확실히 알려 주면 아이들은 곧장 따라 해 볼 것입니다. 다만 그 행동을 지속하게 하려면 누군가의 일관된 도움이 필요합니다.

책가방 정리 정돈

- 선생님께 제출해야 할 가정통신문은 L자 파일에 잘 넣어 두기
- 보관해야 할 학습지는 클리어 파일에 꾸준히 모아 두기
- 다 쓴 물건이나 준비물은 그때그때 정리해서 버리기
- 활동지, 학습지는 부모 확인이 필요하면 보여 주고, 기한이 지나면 보관하거나 버리기

- 미술작품은 전시해 두고 싶은 공간에 일정 기간 전시하고 보관하거나 버리기
- 정리가 끝난 책가방은 아무데나 두지 말고 방이나 현관 앞에 두기

공간 정리 정돈
- 침대는 잠잘 때만 사용하기
- 외출을 다녀온 뒤 벗은 옷은 옷걸이에 걸거나 빨래통에 곧장 넣기
- 리모컨, 휴지, 수건 등 가족이 공동으로 쓰는 물건은 사용하고 나서 제자리에 놓기
- 다 읽은 책은 책꽂이에 꽂아 두기

정리 정돈이 필요한 이유를 알려 주기

아이들이 집으로 가져오는 가정통신문, 직접 만들어 온 미술작품이나 종이접기, 국어 학습지, 각종 활동지, 친구에게 받은 쪽지나 편지는 꾸준히 관리하지 않으면 어느새 수북이 쌓여서 아이 책상 위를 흰 눈처럼 소복하게 덮습니다. 아이에게 이후에도 꼭 필요한 물건인지 물어본 뒤, 가능한 한 버리는 방향으로 안내해 주세요. 간혹 어떤 물건이든 절대 못 버리게 하는 아이도 있는데요, 그럴 때는 이렇게 말해 보세요.

"우리가 사는 공간은 이만큼인데 물건들을 쌓아 두기만 하면 새로운 물건을 둘 수 없어 생활하기에 매우 불편하단다. 물건을 정리하고 나서 네 방을 보면 기분이 상쾌해질 거야."

우리가 생활하는 공간은 한계가 있으며 물건을 정리해야 편리하게 생활할 수 있다는 사실을 인식시켜 주는 것이 좋습니다. 그리고 정리 정돈을 통해 깨끗해진 방, 깔끔해진 책상을 보며 상쾌하고 기분이 좋아지는 경험을 여러 차례 하는 것이 좋습니다.

정리 정돈 습관 형성이 안 되어 있는 경우 꾸준히 반복하는 수밖에 없습니다. 스스로 정리를 해야만 물건을 찾을 때도 아이 스스로 기억하고 찾을 수 있습니다. 아이의 도전에는 어른의 촘촘한 관심과 격려가 필요합니다. 부모의 기대만큼 잘하지 못하더라도, 얼마나 성취했는지보다 그 과정의 순간마다 느끼는 모든 감정이 아이를 자라게 한다는 것을 알아야 합니다.

스스로 해내는 일을
늘려 주기

1학년 담임 선생님이 가장 공들여 가르치는 것:
'스스로 해 보기'

1학년 교실에서 아이 스스로 해 보는 활동에는 어떤 것
이 있을까요?

☐ 등교 후 가방에서 과제, 가정통신문 회신문 등을 꺼내 선생님께
   제출하기

☐ 우산 펴고 접기

- ☐ 책상 정리하기

- ☐ 교과서 정리하기

- ☐ 우유갑 열기

- ☐ 점심 식사 전 책상 위 정리하기

- ☐ 급식판에 배식 받아 자리에 앉기

- ☐ 점심을 먹고 난 후 잔반 정리하여 버리기

- ☐ 식사한 후 책상 위 닦기

- ☐ 하교 전 미니 빗자루로 본인 자리 쓸기

우리 아이가 위 활동 중 몇 가지를 잘 해낼 수 있을까요? 아이와 이야기 나누고 체크해 보세요.

가정에서의 방과 후 일과

아이가 무엇이든 스스로 혼자 해내는 그 과정을 지켜보고 응원해 주세요. 어엿한 초등학생이 되었으니 가정에서 아이 혼자 해내야 할 크고 작은 일들이 많을 것입니다. 맞벌이 가정이라면 부모와 저녁에 만나기 전까지 스스로 해야 할 일의 가짓수가 더 많겠지요.

- ☐ 양치하기

- ☐ 옷 갈아입기
- ☐ 책가방 정리(부모님께 알려야 할 일을 알리거나 가정통신문 꺼내 놓기)하기
- ☐ 학교 도서관에 책 대출, 반납하기
- ☐ 정해진 시간, 정해진 장소에서 학원 셔틀버스 타고 내리기
- ☐ 저녁 식사를 마치고 싱크대에 식기 넣기
- ☐ 연필을 깎아 필통에 넣어 두기
- ☐ 간단한 심부름하기

우리 아이가 위의 활동 중 몇 가지를 할 수 있나요? 아이와 이야기 나누고 체크해 보세요. 이 체크리스트를 통해 아이가 몇 가지를 잘하고 못하는지 평가하기보다는 아이가 할 수 있는 일을 점검하고 스스로 해내기 위한 발판을 마련해 주어야 합니다.

아이가 스스로 해내기 위해서는 첫째, 부모의 자세한 안내가 필요합니다. 부모의 안내는 구체적일수록 좋습니다. 직접 시범을 보이거나 역할극처럼 그 상황을 연습해 보세요. 둘째, 반복 연습이 필요합니다. 한두 번 만에 해낼 거라는 욕심은 부디 거두어 주세요. 여러 번 반복해야 아이는 안심을 하고 자신감이 생기며 용기를 갖고 비로소 누구의

도움 없이도 스스로 해냅니다.

"○○아, 오늘 도서관에서 책을 빌려 왔구나. 언제까지 반납해야 해?**(날짜 확인)** 그렇구나. 그럼 일요일 저녁에는 가방에 반납할 책을 넣어 두고 잠자리에 들자. 월요일 아침에 등교하면서 1층 도서관에 먼저 들러 책부터 반납하고 2층 1학년 1반 교실로 올라가는 거야**(구체적인 동선과 행동 안내).** 도서 대출증은 가방 앞주머니에 넣어 두었네. 잘했어!**(행동에 대한 칭찬)**"

종종 가정통신문을 제때 제출하지 않는 아이가 있습니다. 아이에게 물어보면 엄마가 챙겨 주지 않아서 못 가져왔다고 해요. 준비물인 줄넘기나 색연필, 사인펜도 엄마가 가방에 넣어 주지 않아서 안 가져왔다고 합니다. 이 학생은 놀랍게도 초등학교 4학년이었습니다. 아이는 아직까지 본인 스스로 가정통신문을 챙겨서 내야 하고 준비물을 준비해야 한다는 것을 모르고 있었습니다.

마음 같아서는 끙끙대는 아이를 보느니, 부모인 내가 해 버리는 게 속이 시원하지요. 하지만 그 짧은 몇 초의 속 시원함 때문에 초등학교 6학년이 되어서도 엄마가 잔뜩 찌푸

린 얼굴로 가방 정리를 해 주고 아이는 태평하게 소파에 누워 있는다고 상상해 보세요. 상상만으로도 한숨이 푹푹 새어 나옵니다. 아이가 스스로 하는 모습을 지켜보는 부모의 시간, 그 기다림의 시간이 겹겹이 쌓여야만 스스로 해내는 아이로 성장합니다.

1학년 학부모가 가장 공들여 알려 주어야 하는 것: '실패를 두려워하지 않기'

아이의 기질에 따라 어떤 일을 시도해 보는 것을 간단하게 생각하는 아이도 있고 한 걸음 내딛는 것을 유난히 어려워하는 아이도 있습니다. 시도하는 것을 신중히 하는 아이는 해내야 하는 일을 어떻게 해야 하는지 오랜 시간 관찰하고 나서야 마음을 먹지요. 지켜보는 사람은 숨넘어갈 지경입니다. 답답해도 아이를 믿고 기다려 주세요. 그리고 어느 순간 '이제 나도 할 수 있겠다'는 아이만의 신호가 포착된다면 '그래? 그럼 한번 해 보자'라고 격려해 주세요. 아이는 누구보다도 당당하게 해낼 거니까요.

아이가 어렵게 마음먹은 것을 시도해 보았지만 결과가 썩 마음에 들지 않아 속상해할 수도 있습니다. 속상한 감정을 어떻게 표현해야 할지 몰라 답답해할지도 몰라요. 그럴 때는 슬며시 다가가 안아 주며 이렇게 말해 보세요.

"엄마도 실수하며 성장했단다. 도전해 본 것 자체로도 훌륭해. 다음에는 더 잘할 수 있을 거야. 같이 노력해 보자."

잘 안 되면 도움을 요청해도 괜찮다는 것을 알려 주기

1학년 아이들에게 종이접기 방법을 알려 주고 나서 한참 활동을 진행하던 중이었습니다. 한 아이가 얼음이 된 양 눈만 끔뻑이고 있었습니다. 가까이 다가가서 물어보니 어떻게 하는지 모르겠다고 합니다. 저는 아이의 눈을 보며 이렇게 이야기했습니다.

"하다가 모르겠으면 선생님께 잘 모르겠다고 말하거나 손을 들어서 네 마음을 표현하는 신호를 보내면 돼."

조금 더 다가가 아이의 마음을 살펴보면 아이는 자신이 모른다는 것을 친구들에게 들키고 싶지 않을 수도 있습니다. 아이 스스로 나만 못할 거라 위축되어 그 사실을 드러내고 싶지 않을 수도 있어요. 아이에게는 온 세상이 아이의 한 걸음을 위해 손을 내민다는 믿음이 필요합니다. 가정에

서 아이와 대화하다 문득 교실에서 아이가 하지 못한 말을
꺼낸다면 이렇게 말해 주세요.

"모르는 건 부끄러운 것이 아니야. 해 보다가 잘 안 되면
언제든지 선생님이나 친구들에게 물어봐도 된단다."

아이의 자존감을 키우는 칭찬의 힘

누구의 도움 없이 스스로 해내는 아이들은 성취 경험이
많은 아이들입니다. 자존감이 높고 자신에 대한 믿음이 크
지요. 하지만 어떤 아이든 자신에 대한 믿음이 처음부터 클
수는 없어요. 다르게 말하자면 아이들에게 작은 일을 스스
로 해낼 많은 기회를 주어야 합니다. 그 기회는 부모가 만
들어 줄 수 있습니다. 아이의 아주 작은 성공도 눈여겨보고
칭찬해 보세요. 하교 후 제자리에 가방 두기, 아침 식탁에
수저 놓기, 화분에 물 주기, 담임 선생님의 공지사항 잊지
않고 전달하기 등 아이가 여덟 살이 되어 시도해 보거나 새
롭게 해낸 많은 일이 모두 칭찬 거리입니다. 잊지 마세요.
우리 아이들은 작지만 무한한 가능성을 지니고 있다는 것
을요.

1학년 담임 교사가 아이를 모르게 의도적으로 애쓰는 '이것'은?

. . . .

유영미
초등 1학년 담임 교사, 《교사이지만 직장인입니다》 저자

아이들은 학교에서 선생님에게 언제 칭찬을 받을까요? 숙제를 잘해 왔을 때, 수업 시간에 발표를 잘할 때 칭찬을 받겠지요. 그런데 칭찬에도 난이도가 있다는 것을 아시나요? 비교적 낮은 난이도의 칭찬은 아이가 발표를 잘했을 때, 만들기나 그리기를 잘했을 때처럼 '행동의 결과'를 칭찬하는 것입니다. 교사와 학생 모두 예상할 수 있는 지점이지요.

1학년 담임 교사가 눈을 크게 뜨고 찾아야 하는 고난이도의 칭찬은 아이가 스스로 해낸 작은 성공입니다. 사물함 문 혼자 열기, 부모님이 적어 준 가정통신문 회신문을 학교에 오자마자 내기 등인데요. 교사가 의도적으로 관심을 가져야만 보이는 작은 성공입니다. 교실에서 생활하다 보면 아이마다 살펴 가며 지속적인 관심을 갖고 칭찬을 하기가 힘든 것이 현실입니다. 그러나 선생님의 칭찬 하나로 아이들은 '선생님이 나에게 관심을 갖고 있구나' '이것도 칭찬받을 만큼 잘한 일이구나'라는 생각을 하면서 매일 조금씩 자존감을 쌓아 갑니다.

1학년 1학기만큼은
아이의 오후 시간을 여유롭게

1학년 1학기는 아이가 적응하는 시기

1학년 아이들은 새롭고 낯선 환경에서 선생님, 다양한 성격의 친구들과 부대껴 생활합니다. 유치원보다 상대적으로 규칙이 엄격한 초등학교에서는 본격적으로 학습을 시작하게 됩니다. 이제 막 유치원을 졸업한 아이가 40분 수업시간 내내 집중하기란 쉽지 않습니다. 불안감이 높아 잘 긴장하는 아이도, 문제없이 적응을 잘하는 아이도 첫 학기에는 자기도 모르게 학교에서 많은 에너지를 소진한 뒤 하교합니다.

　이 사실을 누구보다도 잘 아는 저는 다소 예민한 편인 제 아이의 1학년 학교생활 적응을 위해 첫 학기에는 하교 후 오후 일정을 빡빡하게 채우지 않았습니다. 조금만 무리를 해도 다음 날이면 여지없이 구내염이 날 만큼 체력이 약한 아이인 것을 알았기 때문입니다. 지나치게 빼곡한 오후 일정 때문에 지쳐서 짜증스러운 저녁을 보내게 하고 싶지 않았어요. 적어도 1학년 1학기만이라도요. 그래서 3월 한 달은 다른 것은 제쳐두고 아이의 표정과 건강을 유심히 살폈습니다. 남자아이고 내성적이라 학교생활을 재잘재잘 들려주는 성격이 아니어서 열심히 아이를 관찰하는 것밖에 방법이 없었습니다.

　하교 후 집에 와서 해야 할 학교 숙제를 마친 뒤 남는 오후 시간에 여유를 두자 아이는 좋아하는 책들을 쌓아 놓고 읽으며 마음껏 상상 놀이를 하고, 재미있게 보았던 애니메이션을 모티브로 하여 한 학기 동안 자기만의 그림책을 몇 권 그렸어요. 이런 여유 덕분에 저와 함께 도서관에 가서 좋아하는 책을 찾아 읽는 습관도 생겼습니다.

아이와 부모에게 여유 한 스푼을 제안하는 이유

하나라도 더 배워야 하는 1학년 학교생활에 여유 한 스푼을 제안하는 것은 교사로서 보았던 아이들의 얼굴이 떠올라서입니다. 주로 고학년 담임교사를 맡았던 저는 학업에 치이는 아이들을 자주 보았어요. 쉬는 시간에도 밀린 학원 숙제를 해결하느라 바쁘고, 심지어 수업 시간에 학원 숙제를 몰래 꺼내 풀기도 합니다. 하교 후에도 계속되는 학업 일정 때문에 학교에서 늘 지쳐 보이는 아이들이 안타깝습니다. 학교생활은 길게 보아야 합니다. 1학년 때부터 학업으로 달리기 시작하면 녹다운 되는 시기가 '빨리' 찾아옵니다.

제가 아이의 1학년 첫 학기 오후 시간을 여유롭게 챙길수 있었던 것은 그 시기에 육아휴직을 했기 때문이기도 합니다. 맞벌이인 학부모들은 아이 돌봄을 위해 오후엔 방과후 수업이나 학원에 보내야 할 상황이라는 것을 잘 알고 있습니다. 오후에 아무 학원도 보내지 말라는 뜻이 아닙니다. 하교 후 학교생활의 긴장을 해소하고 회복할 수 있는 마법의 여유 한 스푼을 주자는 뜻이지요. 우리는 아이의 건강한 발달과 성장을 도와야 하는 부모니까요.

맞벌이 가정의 경우 부모 대신 다른 보호자가 오후 돌봄

시간을 안전하게 지켜 줄 여건이 된다면 하교 후에 간식을 먹고, 아이가 좋아하는 놀이를 하거나 책을 읽는 시간이 주어졌으면 좋겠습니다. 그리기, 종이접기, 만들기, 인형 놀이, 책 읽기 등 긴장을 풀 수 있는 장소에서 스스로를 보듬는 시간이 필요합니다. 하교 후 일정을 학습 시간으로 빽빽하게 채우면 자신의 마음 상태도 모른 채 주어진 것을 해내는 데 바쁠 거예요. 빈틈없이 채워진 오후 일정이 부모에겐 안도감을 줄지도 모르지만 아이에게는 버거운 일과로 느껴질 것입니다.

엄마, 저는 제가 힘든 것을 표현하는 법을 잘 몰라요

아이들은 자신의 현재 상태를 점검하는 메타인지 능력이 아직 덜 발달되어 있습니다. 체력이 떨어져 힘드니까 지금은 쉬어야겠다는 판단을 하기 어렵습니다. 그래서 이것도 알려 줘야 합니다. 아이가 평소보다 짜증이 늘지는 않았는지, 집중력이 떨어지지는 않았는지를 보고 아이의 상태를 확인할 수 있어요. 아이가 학습할 만한 상태가 아니다 싶으면 과감히 내려놓아야 합니다.

초등학교 통합 교육과정에 '몸과 마음을 건강하게 유지한다'라는 내용이 있습니다. 즉 피곤하거나 몸이 아플 때는 휴식을 취해야 한다는 것을 알아야 합니다. 컨디션에 따라 휴식하는 것을 반복하다 보면 학습을 위해 기본적으로 체력과 컨디션을 잘 갖춰야 한다는 것을 아이도 알게 돼요. 아직 아이니까 완벽하게 관리할 수는 없어요. 그래도 전보다 더 잠을 자려 하고, 더 잘 먹으려고 하는 자기 관리 능력이 생깁니다.

학교에서 돌아온 아이가 하는 인형 놀이, 상상 놀이 모두 긴장을 해소하는 행동입니다. 이렇게 자신이 좋아하는 영역을 탐구하고 확장하는 과정에서 아이는 성장합니다. 시간의 여유가 있어야 생각할 겨를도 생깁니다. 저희 아이가 학교 수업을 마친 뒤 노는 모습을 잘 살펴보니 기존에 있는 것을 모방하다가 살짝 바꿔 보며 자신만의 스타일로 재해석하더라고요. 그게 바로 생각하는 힘, 창의력이 아닐까 싶습니다.

여유 한 스푼 덕에 알게 된 아이의 강점

초등학교에 입학한 저희 집 큰아이는 자연에 관심이 많았어요. 공원이나 풀숲을 다니다가 곤충이나 동물을 보면 무엇인지 알고 싶어 했고, 궁금한 것은 그냥 지나치지 않고 해결하는 습관을 만들어 왔습니다. 기초적인 것은 저에게 물어보며 궁금증을 해결했고, 도서관에 갈 때마다 궁금한 것과 관련된 책을 찾아보며 깊이 있는 정보를 습득했지요. 이런 노력 덕분에 아이의 글과 그림은 곤충과 동물들로 내용이 풍부해졌고, 자기만의 방식으로 그리고 만들며 표현하게 되었습니다. 학교 담임 선생님도 이런 점을 포착해서 아이의 특성에 맞게 잘 지도해 주었습니다.

아이는 1년 동안 많이 성장했고 학교생활에서도 노력의 결과가 엿보여 뿌듯했습니다. 다음은 큰아이가 받아 온 1학년 생활통지표에서 행동특성 및 종합의견 일부를 발췌한 것입니다.

자신이 좋아하는 분야를 더욱 계발하기 위해 노력하며, 이를 다양한 작품에 활용하여 표현하는 능력이 있음. 생각과 행동이 자유로우며 다른 친구와 다르게 그리거나 만들기를 좋아함. 모르는 것은 알 때까지 도전하려는 마음가짐이 바람직함.

아이의 호기심을 그냥 지나치지 않고 적극적으로 반응해 주었더니 더 다양한 지식과 정보를 탐색하고 창의적인 표현력과 문제 해결력을 갖추게 되었습니다. 만약 아이가 제 손에 이끌려 좋아하는 것을 관찰할 틈도 없이 빠르게 걸었다면 아이의 관심사가 무엇인지 자세히 알지 못했을 것입니다. 아이가 좋아하는 것을 깊이 탐색할 기회도 놓쳤겠지요.

핵심 콕콕!

- ✔ 1학년 1학기 오후는 여유롭게 보내기
- ✔ 아이의 상태를 잘 관찰하여 오후 일정 조정하기
- ✔ 여유로운 마음으로 아이의 강점 파악하기

활기차게 인사하기

교실 문을 열고 우렁찬 목소리와 미소로 인사하는 아이는 어쩜 그렇게 사랑스러운지 몰라요. 주말의 여파가 남아 있는 월요일 아침인데도, 아이들의 밝은 인사말은 마치 비타민처럼 없는 힘도 불끈 생기게 합니다. 평소에 주변 사람들과 밝게 인사하는 습관은 학교생활 적응에도 큰 도움이 됩니다.

대인관계의 기본, 인사

친구를 사귈 때 인사를 잘하는 것이 참 중요합니다. 인사는 낯선 친구들과 관계의 물꼬를 트게 해 주며 이미 친한 사이라도 반갑게 하루를 시작하는 계기가 됩니다. 학기 초 교실 분위기는 서먹하기 마련인데, 밝고 명랑하게 인사를 건네는 아이 덕에 교실 분위기가 활기차게 바뀌기도 합니다. 반가운 인사는 상대방을 기분 좋게 하고, 자신의 존재감을 확실히 알리는 효과가 있습니다. 아이가 기어드는 목소리로 인사하거나, 팔꿈치로 허리를 푹 찔러야 겨우 인사를 해서 답답한가요? 어떻게 하면 인사를 잘하는 아이로 키워 낼 수 있을까요?

몇 년 전 학교에서 예절 강사님을 초빙해 예절 교실 체험을 한 적이 있는데, 아이들의 인사 태도가 확 달라져 깜짝 놀란 적이 있어요. 아이들은 손을 가지런히 모으고 정성을 다해 저에게 한목소리로 인사했습니다. 인사를 받고 찡했던 감동의 여운이 아직도 가슴에 파도치듯 일렁입니다. 그때 이런 생각이 들었어요. '어쩌면 아이들은 인사를 해야 한다는 것은 알지만 어떻게 인사를 해야 하는지 제대로 배우지 못했을 수도 있겠다.'

인사, 가정에서 이렇게 가르쳐 주세요

첫째, 상대방의 눈을 보기

"눈은 네 마음을 전하는 통로란다. 인사할 때 반가운 마음, 기쁜 마음, 설레는 마음 모두 눈을 마주쳐야 상대방의 마음 속으로 전해져. 그러니 반드시 눈을 보고 인사해야 해."

둘째, 상대방이 잘 알아들을 수 있도록 큰 목소리로 인사하기

"목소리로 네가 지금, 이곳에 있다는 것을 알리렴. 크고 분명한 목소리로 인사하면 너를 모르는 사람도 네가 어떤 사람인지 더 궁금해지고 호감이 생긴단다. 여러 사람이 모여 있을 때, 선생님이 멀리 계실 때 네 인사가 전해지도록 배에 힘주고 인사해 봐. 아침에 교실에 들어갈 때 하는 인사도 크게 하는 거 잊지 말고!"

셋째, 학교에서 담임 선생님뿐 아니라 웃어른이라면 누구에게나 인사하기

"학교에는 담임 선생님 외에도 옆 반 선생님, 다른 교과 선생님, 보건 선생님 등 많은 선생님이 계셔. 다른 반 선생님도, 배움터 지킴이 할아버지도 모두 너를 도와주시는 어른들이란다. 마주치는 어른들께는 항상 예의 바르게 인사

드리럼."

넷째, 같은 사람을 여러 번 마주칠 때는 가볍게 목례하기

"만약 아까 눈을 마주치고 큰 목소리로 인사했는데 복도에서, 화장실에서 또 마주친다면 어떻게 해야 할까? 그때는 계속 큰 목소리로 인사하는 대신 머리만 숙여 인사하는 '목례'를 해도 되고, 눈이 마주치면 살짝 미소 지어도 된단다."

인사 잘하는 아이로 만드는 마법 칭찬

아이에게 인사하는 방법을 구체적으로 잘 알려 주었다면 아이는 가정에서 배운 인사법을 일상생활에서 여러 번 시도해 볼 것입니다. 이때 잊지 않고 칭찬을 하면 인사를 잘하는 아이로 키울 수 있습니다. 칭찬은 이렇게 해 주면 됩니다.

첫째, 아이의 변화된 태도에 초점 맞추기

"저번보다 목소리가 더 커졌네. 인사 소리가 훨씬 잘 들려. 네가 온 것을 단번에 알겠어."

둘째, 상대방의 입장에서 칭찬하기

"네가 인사를 건넸더니 할아버지 얼굴이 비구름이 지나간 하늘처럼 화창해졌어. 네 덕분이야. 온종일 기분이 좋으시겠다."

셋째, 행동의 지속 가능성을 믿어 주기

"우리 ○○이 인사하는 법이 완전히 달라졌어. 지금처럼 인사하면 앞으로 많은 사람에게 기쁨을 전하며 지내게 될 거야. 인사만 했는데 네 기분도 덩달아 좋아졌지? 인사라는 것은 그런 거란다."

분명한 의사 표현
연습하기

아이들을 가르치며 교실에서 가장 눈여겨보고 말이라도 한마디 더 걸어야 하는 아이는 말괄량이도 말썽꾸러기도 아닌 말수가 적고 있는 듯 없는 듯한 아이입니다. 종일 말 한 마디 안 하고 집에 갈 것 같은 아이들에게 저는 일부러 말을 걸고, 활동을 확인할 때 좀 더 에너지를 들여 구체적인 피드백을 해 주고 눈 맞춤을 합니다. 타고난 기질에 따라 어떤 상황에서도 자신감 있게 말하는 아이도 있습니다. 하지만 말하는 태도는 반드시 타고나는 것도 아닙니다. '분명하게' 말하는 습관은 연습을 통해 키울 수 있습니다.

말하기, 학교에서는 이렇게 공부해요

초등학교 1학년 수업 대부분은 생각을 묻고 답하는 과정으로 이루어집니다. 선생님의 발문에 따라 아이들이 생각을 주고받으며 개념을 익히고, 생각을 확장하는 과정으로 배움이 일어납니다. 그렇다 보니 자연스레 '네 생각은 어떠니?'라는 질문이 많습니다. 선생님과 학생 간에 이루어지기도 하고 친구와도 그런 질문을 주고받습니다. 때에 따라 많은 사람 앞에서 말해야 할 때도 있습니다. 발표 내용이 아무리 좋아도 말을 담는 그릇인 목소리를 키우지 않으면 발표자의 의도를 분명히 알아차리기가 어렵지요. 그래서 학기 초 교실에서는 각 상황에 적절한 목소리 크기 단계를 배우고 연습합니다.

· 1단계: 소곤소곤 귓속말할 때

· 2단계: 친구와 대화할 때

· 3단계: 교실에서 맨 뒷자리에 앉은 친구를 부를 때

· 4단계: 야외 운동장에서 친구를 부를 때

1학년부터 6학년까지 대중 앞에서 말하는 기회는 여러 번 찾아옵니다. 학교생활을 하다 보면 모둠 발표, 역할극, 학예회, 동요·동시 발표회 등 상황에 맞춰 자기 생각과 재능을 많은 사람 앞에 보여 주어야 하는 순간이 필연적으로 찾아오거든요. 많은 사람 앞에서 발표하는 것을 꺼려하는 아이라면 연습을 통해 좋아질 수 있습니다.

말하기 연습, 가정에서 이렇게 도와주세요

· **시작은 잘하는데 말끝이 흐려지는 아이**

→ 평소 생활에서 가족과 대화할 때 '~했어요' '~입니다'라고 문장을
  분명히 끝맺는 연습하기

· **상대방의 눈을 제대로 쳐다보지 못하는 아이**

→ 아이에게 가장 익숙한 애착 인형이나 가족을 관중 삼아 수업시간
  에 발표할 내용을 말하는 연습하기

· **문장으로 말하지 않고 단어로만 의사 표현하는 아이**

→ 웃어른께 요청할 때는 "물!" 말고 "엄마! 물 주세요"라고 예의바
  르게 말해야 한다는 것을 알려 주기

아이 자신을 지키는 최고의 방법, 정확한 의사 표현

"친구가 내 실내화 가방을 장난으로 떨어뜨리고 갔어요."

"그때 네 기분은 어땠어?"

"너무 속상했어요."

"너는 그때 뭐라고 말했니?"

"아무 말도 하지 못했어요."

우리 아이에게도 충분히 일어날 수 있는 상황의 대화입니다. 이 대화의 시점이 상황이 일어난 직후라면 선생님의 도움을 받을 수 있겠지만 한참이 지난 후 이야기한 것일 수도 있습니다.

상대방의 행동이 나에게 부정적인 영향을 줄 때 나 자신을 지키려면 의사 표현을 해야 합니다. 더 정확히 말하자면 '분명한' 의사 표현입니다. 만일 내 아이가 분명하게 의사 표현을 해야 할 상황인데도 말 한 마디 못 한다면 부모의 마음은 몹시 아플 것입니다.

교실 속 아이들을 떠올려 보면 도움을 청해야 하는 상황이거나 아이에게 불편한 상황이지만 선생님과 친구에게 말하는 것이 어려워 꾹 참는 아이들이 있습니다. 그런 아이가 보일 때는 아이가 요청하기 전에 제가 슬며시 다가가 도움이 필요한지 말을 건네 보기도 하지만 그런 순간마다 교사나 부모가 매번 알아서 해결해 줄 수는 없는 노릇이지요. 자신의 감정을 잘 표현해야 학교에서 마주하는 수많은 관계에서 오해 없이 당당하게 생활해 나갈 수 있습니다.

상황과 주제를 고려해 의사 표현 하기

목소리도 크고 자기 생각이나 감정도 잘 표현하는 아이라면 걱정할 것이 없겠지만 상황과 주제에 어울리지 않게 자신의 이야기만 줄곧 하는 아이라면 제대로 된 의사 표현법을 배워야 합니다. 예를 들어 '가을'이라는 주제로 이야기를 하는데 어제 마트에 다녀온 이야기, 본인이 키우는 반려동물 이야기를 속사포로 쏟아 낸다면 주변 친구들이 점점 지쳐갈 거예요. 선생님이 이야기하는 중에도 손을 들고 선생님! 선생님! 부르며 간절히 말할 기회를 찾는 아이는 말할 기회, 차례가 올 때 이야기해야 한다는 것을 알려 줘야 해요. 대화의 방향과 어긋난 질문을 하거나 듣는 사람에게 말할 기회조차 주지 않고 혼자 말하는 태도는 듣는 이로 하여금 대화의 희열을 잃게 합니다. 이런 경우는 잘 말하는 것보다 상대방의 이야기를 경청하는 것부터 강조하여 가르칩니다. 저는 일방적으로 의사 표현을 하는 아이에게 이렇게 이야기합니다.

"○○아, 선생님께서 말씀하실 때는 끝까지 다 듣고 질문해야 해. 놀이기구를 탈 때도 순서를 기다려야 내 차례가 오는 것처럼, 말하기에도 순서가 있단다. 정말 하고 싶은 말이나 궁금한 질문은 꾹 참았다가 다른 사람의 말이 끝나고 손을 들어 기회가 생길 때 해 봐. 만약 수업시간에 이야기하지 못했다면 쉬는 시간에 얼마든지 해도 된단다."

의사 표현을 잘하는 아이로 키우려면

문제가 생겼을 때 정확하게 의사 표현을 하지 못하고 울기만 하는 아이들이 있습니다. 이런 습관이 굳어지면 학교에서도 자기 뜻대로 되지 않을 때 울음으로 해결하려 합니다. 이런 경우 아이에게 문제가 있다기보다는 울지 않고 자신을 표현할 방법을 모르는 경우가 대부분입니다. 바꾸어 말하면 울음 말고 다른 표현 방법을 선택할 줄 모르는 것입니다. 이런 경우 자기 의견을 표현하는 다양한 방법을 구체적으로 알려 주어야 합니다. 가정에서 자주 연습하면 좋아요. 이야기도 많이 해 본 아이가 잘합니다. 하고 싶은 이야기나 마음을 표현하는 능력을 길러야 합니다. 그렇다면 가정에서 아이의 의사 표현 능력을 길러 주기 위해 무엇을 할 수 있을까요?

첫째, 부모가 먼저 아이에게 이야기를 들려주세요. 직장이나 마트에서 겪은 일, 지난 주말에 함께 본 책, 영화 이야기 등 다양한 이야기를 들려주고 함께 대화해 봅니다. 이를 통해 아이는 자기 생각을 이야기하고, 적절한 어휘를 선택하고, 질문하고, 잘 듣는 것을 자연스럽게 체득하게 됩니다.

둘째, 아이의 말에 충분히 반응하며 들어 주세요. 가치 판단은 잠시 내려두고, 따뜻한 호응으로 아이 마음을 위로하고 격려해야 합니다. 그러다 보면 아이도 힘들었던 일을 스스로 이야기할 수 있습니다. 이런 연습이 잘된 아이는 다른 사람 앞에서도 용기 있게 자기 의견을 잘 이야기하고, 타인의 의견도 잘 듣습니다.

셋째, 아이의 의견을 물어봐 주세요. 예를 들면 목욕하고 책을 읽을지, 책을 읽고 목욕할지 같은 작은 것부터 결정할 기회를 주면 좋겠습니다. 상황에 따라 어떻게 의사 표현하면 되는지 연습하는 계기가 됩니다. 또 자신이 존중받고 있음을 알게 되어 좀 더 신중하게 결정하게 되지요. 혹시 잘못된 결정이라도 몇 번의 실패를 겪게 하는 것도 필요합니다.

아이는 이야기하면서 자기 생각을 스스로 정리하고, 생각지 못한 일에 대해서는 다시 생각하는 시간을 갖게 됩니다. 그리고 부모님과 그런 이야기를 나누는 과정에서 의사 표현의 즐거움을 경험할 것입니다.

핵심 콕콕!

✔ 상황과 주제를 고려하는 말하기 연습하기

✔ 예의 있고 분명한 말하기 방법 알려 주기

✔ 아이의 말을 판단하기 전에 충분히 공감하며 들어 주기

✔ 사소한 일이라도 아이의 의견을 묻고 결정할 기회 주기

담임 선생님은
최고의 교육 파트너

"내일이 입학식이에요. 두근두근합니다!"

"초등학교 첫 담임 선생님은 어떤 분이 되실지 떨립니다."

"첫째는 좋은 담임 선생님 만났는데 둘째 담임 선생님도 좋은 분이셨으면 합니다."

초등학교 입학식 전, 지역 맘 카페에 어김없이 올라오는 글입니다.

내 아이의 담임 선생님은 어떤 분이었으면 하나요? 내 아이를 따뜻하게 대하는 선생님이 아닐까요? 학부모로서 담임 선생님은 어떤 교사일지 걱정되는 마음을 한 발자국 뒤에서 들여다보면 한없이 부족하고 모자란 우리 아이를 잘 이해해 주기를 바라는 마음일지도 모릅니다.

우리 아이 담임 선생님이 어렵게 느껴져요

아이를 초등학교에 보내 보면 어린이집, 유치원 때보다 선생님과 학부모의 소통이 적다고 느껴질 수도 있을 것입니다. 유치원 때는 담임 선생님이 수시로 키즈노트 앱으로 활동 사진을 올려 주고, 알림장도 세세히 써 주었는데 말이죠.

동네 엄마들에게 학교 정보를 수소문하는 것보다 직접 소통하며 겪어 보는 편이 낫습니다. 수업 과제물, 준비물, 알림 내용에 대해 궁금한 것은 담임 선생님에게 묻는 것이 가장 정확한 정보를 얻는 방법입니다. 하지만 망설이게 되는 이유는 무엇일까요? '별것도 아닌 것으로 선생님을 불편하게 하는 게 아닐까', '이 정도도 모르는 엄마라고 생각하면 어쩌지?' 하는 노파심이 아닐까 싶어요.

담임 선생님은 학부모와 같은 방향을 보는 파트너

학교에서는 아이들을 가르쳐 본 경험이 많고 연륜이 쌓인 선생님이 학교생활의 기본습관을 형성해야 하는 1학년 담임 선생님을 맡는 경우가 많습니다. 간단히 생각해 보면 기본습관을 잡아 주는 게 그렇게 어렵나 싶지만, 결코 쉬운 일이 아닙니다. 저는 13년차 교사지만 아이들에게 바른 생활 습관을 형성해 주는 게 가장 어렵다는 것을 절실히 느껴요. 스무 명이 넘는 아이들의 기본생활 습관을 꼼꼼하고 자세하게 가르치는 데에는 노련함이 더욱 필요합니다.

학급에서 스무 명이 넘는 1학년 아이들을 지도하다 보면, 정성을 다해 한 명 한 명 살필 여력이 없는 순간이 찾아오기도 합니다. 한 아이가 엎은 식판을 치우고 있는데 어떤 아이는 친구와 싸우고 있고, 그 와중에 한 아이는 화장실 변기가 막혔다고 뛰어와 도움을 요청하는 일이 동시에 벌어지는 것은 양호한 편입니다. 1학년 교실은 마치 개성 강한 돌잡이 아이 넷을 키우는 정신없는 상황처럼 눈을 뗄 틈이 없습니다. 모든 아이를 공평하게 대해야 하기에 한 아이의 요구만 들어줄 수 없는 난처한 상황도 마주합니다.

이처럼 교실에서는 매일 시끌벅적 여러 일이 벌어집니다. 그러다 보면 가끔 학부모와 교사 사이에 오해가 생기기도 하지요. 하지만 잊지 말아야 합니다. 담임 선생님도 부모님만큼 아이의 성장과 행복을 위해 매일 고민하고 정성을 모으고 있다는 것을요. 학부모와 선생님이 한마음으로 아이의 손을 하나씩 잡고 같은 방향을 보며 걸어갈 때 아이도 흔들림 없이 의지하고 갈 수 있습니다.

담임 선생님에게 연락할 때는 이렇게

아이와 관련된 고민이 생겼을 때, 아이가 학교생활을 잘하고 있는지 궁금할 때, 학습이나 생활 습관에 대한 상담이 필요할 때 고민하지 말고 다음과 같이 연락해 보세요.

- 선생님 안녕하세요? ○○이 엄마입니다. **(누구의 부모인지 밝히기)**
- 같은 반 친구 보람이가 쉬는 시간에 화장실에서 손을 씻고 ○○이 얼굴에 일부러 물을 튀겼다고 해요. 그 이야기를 듣고 아이에게 상대방이 불편한 장난을 칠 때는 분명하게 의사 표현을 해야 한다고 가르쳐 주었어요. 하지만 이런 행동이 여러 번 반복되고 있어 부모로서 염려가 됩니다. **(연락한 이유 설명하기)**
- 제 아이의 이야기만 들으면 오해가 생길 수도 있을 것 같아 선생님의 의견을 조심스레 여쭙니다. **(상황을 객관적으로 파악하고 싶은 의지 표현하기)**

여기서 마법의 문장은 "아이의 이야기만 들으면 오해가 생길 수도 있어 선생님의 의견을 조심스레 여쭙니다"입니다. 이 문장은 담임 선생님을 존중하고 있다는 느낌을 줄 뿐만 아니라 연락한 학부모가 이왕이면 아이에게 도움이 되는 방향으로 풀어 가고자 하는 의지를 가졌다는 것을 나타낼 수 있는 표현입니다. 담임 선생님에게 이 마법의 문장을 넣어 연락한다면 쉽지 않은 문제도 잘 해결해 나갈 수 있을 거예요. 마법의 문장을 넣었다 하더라도 새벽이나 너무 늦은 밤에 연락하는 것은 피해야 합니다.

가장 중요한 것은 서로를 존중하는 마음

갓 초등학교에 입학한 아이와 관련된 일은 부모의 마음을 노심초사하게 만듭니다. 하지만 아무리 마음이 급하더라도 담임 선생님에게 연락할 때 예의를 갖추어 존중하는 태도는 반드시 필요합니다. 앞뒤 맥락이나 문맥을 다 끊고 자신의 주장만 하는 학부모, 아이의 입장만 생각하고 불같이 화를 내는 학부모 등 악성 민원에 시달려 교직을 떠나는 선생님이 더 이상 늘지 않았으면 합니다. 아이들을 진심으로 존중하고 아끼는 선생님들이 아이들을 가르치는 데 보람을 갖고 학교를 지켜 주었으면 합니다.

상담이 필요하다면 언제든지 문 두드리기

학부모 상담 시간은 따뜻한 이야기가 오가는 소통의 매직 타임입니다. 대화를 통해 부모님은 미처 몰랐던 아이의 성향을 알게 되고, 담임 선생님은 교실에서 생활지도하며 생기는 문제의 실마리를 얻게 되거든요. 교사는 학부모 상담을 통해 학부모님과 마음이 통하는 대화를 나누고 나면 교실에서 아이가 잘 성장할 수 있도록 도와줘야겠다고, 다시 힘을 내게 돼요.

이처럼 학부모 상담은 교사와 부모 모두에게 아이에 대해 좀 더 깊이 이해하는 계기가 됩니다. 상담 주간이 아니더라도 아이에 관해 함께 이야기 나눠야 할 부분이 있다면 담임 선생님에게 편하게 이야기해 보세요. 선생님 또한 진심으로 함께 고민을 나누고 해결 방법을 생각해 볼 것입니다.

핵심 콕콕!

✔ 담임 선생님은 아이를 위해 함께 손잡고 가는 파트너임을 기억하기
✔ 담임 선생님에게 연락할 때는 누구의 부모인지 먼저 밝히고 연락한 이유와 마법의 문장을 넣어 명확하게 말하기
✔ 소통할 때 학부모로서 예의와 존중하는 마음 갖추기

담임 선생님과
어떻게 소통하면 좋을까요?

· · · · · · · · · · ·

윤지선
책쓰샘 대표 초등 교사, 《초등 교사 영업 기밀》
《초등 돈 공부 골든타임》《현직 교사가 내 아이에게 몰래 읽히고 싶은 인문 교양서 50》
《초중등 공부 능력 키우는 교과서 공부 혁명》 저자

23년차 교사인 저도 제 아이가 학교에 입학하니 아무것도 모르겠더라고요. 육아휴직을 하고 학부모의 입장이 되어 보니 교사와 학부모 입장이 크게 다르다는 것을 실감하게 되었습니다.

요즘 아이들은 영유아 시기부터 선생님을 만나요. 어린이집 선생님, 문화센터 선생님, 학원 선생님 등 선생님들 대부분이 아이들의 세세한 부분까지도 부모님께 친절히 전달했을 거예요. 부모님들도 그런 것에 익숙할 테고요. 그런데 학교라는 곳은 보육의 의미를 가진 여타 학원과는 다른 곳이에요. 보육보다는 '교육'이 이루어지는 장소지요. 학습에 대한 교육뿐 아니라 민주시민 교육이나 인성교육도 이에 포함됩니다.

20여 명의 아이가 모인 교실에서는 정말 다양한 상황이 연출되지요. 이를 해결하는 과정에서 아이들의 대인관계 기술이나 사회성이 향상된답니다. 때로는 조금 억울하기도 하고 때로는 답답한 부분이 생기기도 해요. 그런데 그때마다 아이 말만 믿고 언성을 높여 전화하는 부모님이 있고 제법 큰일인데도 차분히 기다리는 부모님이 있어요. 사람의 일이다 보니 해결하고 정리하는 데 기다림이 필요한 경우도 많거든요. 그 속에서 아이들은 자라나고, 성장하고, 꽃을 피워 내요. 내 아이가 혹시 손해 보지 않을까, 너무 상처받지 않을까 조급해하지 않으셔도 된답니다. 선생님을 믿고 열린 마음으로 조금만 기다리면 멋지게 해결되는 일도 많거든요. 교사와 학부모는 아이라는 예쁜 씨앗을 꽃피우기 위해 2인 1조가 되어 동행하는 사이라는 것을 잊지 마세요.

4장

자신감 있는
학교생활의 비결,
학습 습관 만들기

주간학습안내로 엿보는
아이의 학교생활

　학교에서는 매주 금요일 다음 주 학습 내용을 미리 알려 주는 주간학습안내를 배부합니다. 주간학습안내는 크게 세 부분으로 구성되어 있어요. 주 단위 과목별 학습 내용과 진도, 과목에 따라 챙겨야 할 준비물, 가정에 전달할 이야기가 담긴 가정 통신입니다. 다시 말해 주간학습안내는 학교생활의 맥락이 모두 담겨 있는 교육 계획안입니다.

　교사로서 간곡히 부탁을 드리자면, 주간학습안내를 잘 보이는 곳에 찰싹 붙여 두셨으면 좋겠습니다. 1학년 때는 아이 스스로 주간학습안내를 보고 과제나 준비물을 챙기기가 버거울 수 있어요. 처음에는 엄마가 잘 챙겨 주어야 합니다. 그래야 수업에 적극적으로 참여할 수 있고, 학교생활에 자신감이 생깁니다.

주간학습안내 자세히 뜯어 보기

아이가 초등학교에 들어가면 이런 주간학습안내를 받게 됩니다. 한번 찬찬히 뜯어 볼까요?

- 아침 활동: 학년 또는 학급 운영에 따라 다양한 아침 활동을 운영합니다. 아침 활동은 1년간 매일 합니다.
- 과목별 학습 내용과 진도: 단원과 학습 내용, 현재 진도, 몇 쪽을 배우는지 안내합니다. 교과 흐름을 바탕으로 이번 주에 무엇을 배우는지 알 수 있습니다.
- 준비물: 각 수업에 필요한 준비물이 적혀 있습니다.
- 가정통신 : 가정에 알려야 할 일을 안내합니다. 현장 체험 학습 일정, 건강검진 일정 등 기한 내에 참여해야 하는 일정이나 낯선 사람 따라가지 않기, 친구에게 고운 말 사용하기, 나의 물건 소중히 다루기처럼 가정에서 함께 지도해 주어야 하는 사항을 당부합니다.

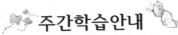

주간학습안내

9월18일 ~ 9월22일(5주)

	월 (18일)	화 (19일)	수 (20일)	목 (21일)	금 (22일)
아침 활동	아침독서	아침독서	받아쓰기 3급 시험	아침독서	스포츠클럽 활동
1교시	국 어 알맞은 말을 넣어 문장을 만들 수 있다 (1/2) 60-65쪽	수 학 (놀이 수학) 덧셈 놀이를 해요 44-45쪽	국 어 생각을 문장으로 나타낼 수 있다 (1/2) 70-73(국어 활동 27-28)쪽	국 어 도서관 활용 교육	국 어 여러 개의 문장으로 표현할 수 있다 (1/2) 74-79(국어 활동 29-30)쪽
2교시	국 어 알맞은 말을 넣어 문장을 만들 수 있다 (2/2) 60-65쪽	수 학 뺄셈을 해 볼까요(1) 46-47(30-31)쪽	수 학 뺄셈을 해 볼까요(2) 48-49(32-33)쪽	국 어 생각을 문장으로 나타낼 수 있다 (2/2) 70-73(국어 활동 27-28)쪽	국 어 여러 개의 문장으로 표현할 수 있다 (2/2) 74-79(국어 활동 29-30)쪽
3교시	수 학 그림을 보고 덧셈을 해 봐요 42-43(28-29)쪽	국 어 문장 부호의 쓰임을 알고 문장을 바르게 쓸 수 있다 (1/2) 66-69(국어 활동 24-26)쪽	창 체 다문화 교육 -	수 학 덧셈과 뺄셈 복습하기	가을1-2 (바) 현규의 추석 '안녕!' (1/2) (디지털 성범죄 예방) 142-143쪽
4교시	가을1-2 (즐)흥겨운 소리가 울려 퍼져요 (학교폭력 예방) 130-131쪽	국 어 문장 부호의 쓰임을 알고 문장을 바르게 쓸 수 있다 (2/2) 66-69(국어 활동 24-26)쪽	창 체 1인 1악기 (칼림바 수업)	가을1-2 (슬)현규의 추석 이야기 (1/2) (사회재난) 140-141쪽	가을1-2 (바) 현규의 추석 '안녕!' (2/2) (디지털 성범죄 예방) 142-143쪽
5교시	가을1-2 (즐)투호야, 비석아 놀자 (학교폭력 예방) 132-133쪽	안 전 버스와 젯탈을 안전하게 이용해요 (교통안전) 50-53쪽		가을1-2 (슬)현규의 추석 이야기 (2/2) (지역활동사 교육) 140-141쪽	
가정 통신					

가정통신

◆ **2학기 교육공동체 상담 주간 안내**
- 상담을 신청하신 학부모님을 대상으로 9/12(화)에 확정 일정을 개별 안내드렸습니다.
- 상담할 내용을 미리 생각해두시면 자녀를 위한 진솔한 대화의 시간을 갖는 데 도움이 됩니다.
 (다음 학부모님의 상담을 위해 상담 시간을 지켜주세요.)

◆ **받아쓰기 안내**
- 받아쓰기 급수표는 가방에 항상 넣고 다닙니다.
- 받아쓰기 시험('받아쓰기 시험장' 학교에서 배부): **매주 수요일.** 선생님께서 2번씩 불러주는 문장의 맞춤법과 띄어쓰기, 문장부호를 확인하여 씁니다. 시험을 본 후 부모님 확인을 받고, 틀린 것은 '받아쓰기 시험장'에 집에서 2번 써 줍니다.

◆ **가을은 독서의 계절! 독서는 마음의 양식입니다.**
- 국어 1단원 '소중한 책을 읽어요'를 학습하며 2학기 도서관 활용 수업, 선생님과 책 읽기 및 독서장 쓰기 활동 등을 하였습니다. 매일 10분 이상 독서합니다.
- 학교 도서관은 1인 1회 3권까지 최대 일주일 대출 가능합니다.

◆ **안전한 생활합시다.**
- 위험한 장난감을 가지고 놀지 않습니다. 또한 친구들에게 위험한 장난도 치지 않습니다.
- 학교 내에서 안전사고가 일어나지 않도록 복도와 계단에서는 뛰지 않고 걸어 다니도록 합니다.
- 낯선 사람을 조심합니다. 수업을 마치면 곧장 집으로 가고 학교나 주변 놀이터에서 혼자 놀지 않습니다.
- 친구와 사이좋게 지냅시다.

◆ **기본 학습 준비물을 잘 챙겨 관리합니다.(이름 쓰기)**
- 필통에 연필 3자루 미리 깎아오기, 지우개, 검은색 네임펜, 가위, 풀 등
- 수업시간에 자주 사용하는 색연필, 사인펜은 항상 준비합니다.

주간학습안내 예시

주간학습안내에는 위 내용 이외에 과목별 수행평가와 논술형 평가의 일정과 계획, 학사 일정 등 많은 정보를 한 장에 담아 둡니다.

주간학습안내는 아이와 학교생활에 관해 이야기를 나눌 때, 학습 진도가 궁금할 때 살펴보는 기준이 됩니다. 모든 것을 준비할 수는 없지만 아이가 흥미 있어 하고 호기심 가질 만한 내용이 있다면 미리 살펴보고 수업에 임하게 하면 더욱 깊이 있는 배움에 빠져들지 않을까요?

주간학습안내, 놓치지 않고 보려면?

주간학습안내는 처음에는 중요하게 생각하다가 점차 아이의 학교생활이 익숙해지면 소홀해지기도 합니다. 그러나 꾸준히 관심을 두고 활용하면 학교생활의 이모저모를 놓치지 않고 체크할 수 있습니다. 최근에는 알림장 쓰기를 줄이는 추세라 주간학습안내 내용이 핵심일 수 있습니다.

일단 주간학습안내를 받으면 눈이 자주 가는 곳에 두어야 합니다. 가장 추천하는 장소는 냉장고 문입니다. 온 가족이 하루에 한 번은 반드시 찾아가는 곳이 냉장고이기 때문이지요. 학교생활을 처음 시작하는 1학년 때는 부모가 잘 챙겨 주어야 합니다. 점점 학년이 올라가고 야무지게 할 일을 챙기는 아이라면 아이 방 책상에 붙여 두는 것이 좋겠지요.

아이의 독서 습관을 잡아 주는 비결은?

우리가 책을 읽는 이유는 다른 세상을 만나고, 관점의 차이를 이해하고, 다른 사람의 생각과 내 생각을 비교해 보면서 가치관을 세우기 위함입니다. 그렇기 때문에 모든 부모는 아이가 책을 잘 읽고 자신의 내면을 단단하게 다지기를 바라지요. 이는 꽤 오랜 시간이 걸리는 일입니다. 그런데 독서 습관을 단시간에 빨리 완성하길 바라는 욕심 때문에 오히려 아이의 독서 흥미를 떨어뜨릴 수 있습니다. 책을 좋아하는 아이로 키우고 싶다면 이렇게 도와주세요.

독후 활동 대신 몰입 독서부터

"선생님, 정말 아무것도 안 써도 돼요?"

4학년 아이들을 가르치며 책에 흠뻑 빠지도록 몰입 독서 활동을 한 적이 있습니다. 몰입 독서란 말 그대로 반 아이들과 한 시간 이상 같은 책을 함께 읽는 것입니다. 집중을 위해 선생님이 목소리로 읽어 주고, 아이들은 읽어 주는 부분을 눈으로 읽습니다. 몰입 독서는 독서 이외에 어떠한 연계 활동도 하지 않기 때문에 책 속에 자유로이 푹 빠져 보는 경험을 할 수 있습니다.

책을 실감 나게 같이 읽으며 책의 표지가 어떤지, 주인공의 생각이 어떤지, 내용은 어떤지 등 어떤 것도 묻지 않았습니다. 이미 평가와 확인에 익숙해진 아이들은 몰입 독서 후 아무것도 하지 않아도 된다는 말을 처음에는 믿지 않았습니다. 실제로 몰입 독서 후 아무 숙제도 내주지 않으니 그제야 아이들은 의심을 풀었고 표정이 밝아졌습니다.

책 읽기를 좋아하던 한 아이는 제게 이렇게 말했습니다.

"책은 독서록을 쓰려고 읽는 것이 아니라 자유롭게 내가 보고 싶어서 읽는 거잖아요. 그런데 독서록 검사 때문에 천천히 읽고 싶은 책도 급하게 읽을 수밖에 없을 때 정말 아쉬웠어요."

1학년 아이들의 책 읽기 습관을 이야기하면서 4학년 아이들을 예로 드는 이유는 1학년이야말로 책 읽기 자체에 즐거움을 느껴야 하는 시기임을 강조하고 싶어서입니다. 1학년은 선생님이 들려주는 책 이야기도 즐겁고, 엄마가 읽어주는 동화책도 재미있고, 조용히 혼자 책을 읽어도 행복한 시기입니다. 가정에서도 아이와 같은 책을 함께 읽으며 이야기 속에 풍덩 빠져 보기를 제안합니다. 책을 통해 무엇을 느꼈는지, 무엇을 알게 되었는지 굳이 물어보지 않아도 책을 덮은 뒤 엄마와 마주 보는 눈빛에서 충만한 기쁨을 느낄 수 있을 거예요.

책가방에 넣어 둔 책 한 권으로 잡는 틈틈 독서 습관

유아기부터 그림책을 계속 읽어 왔다면 아이의 머릿속에 저장된 낱말이나 표현들이 1학년 시기부터 잘 드러나겠지요. 책을 많이 접하고 읽은 아이들은 언어능력이 글을 읽고 쓰는 능력(최소 문해력)에서 글을 이해하는 능력(기능적 문해력)으로 발달합니다. 꾸준한 독서를 통해 길고 어려운 교과서 지문도 바로 읽고 이해할 수 있는 이해력과 사고력을 키울 수 있습니다. 1학년 시기에 독서 시간을 늘리는 것이 언뜻 국어 공부에 큰 도움이 안 되는 것처럼 보여도 글을 이해하는 생각 그물을 확장하는 가장 중요한 작업이라는 것을 훗날 알게 될 것입니다.

1학년은 아이들은 다양한 활동에서 개인차가 아주 심합니다. 색칠하기, 종이접기, 수학 문제 풀기 등 각자의 속도대로 해야 할 일을 마칩니다. 빨리 끝낸 아이들은 친구들에게 해내는 방법을 알려 주기도 하고, 도움이 필요한 친구에게 다가가 도움을 주기도 합니다. 반면 해야 할 일을 마친 다음 뭘 해야 할지 몰라 멍하게 앉아 있거나 친구에게 장난을 치는 아이들도 있습니다. 할 일을 마친 뒤 남는 시간을 무엇으로 채우면 좋을까요? 바로 책 읽기입니다.

책가방에 책 한 권을 넣어 두면 친구를 사귈 수 있어요

책을 통해 친구를 알아갈 수 있다는 사실, 아시나요? 교실에서 유심히 아이들을 살펴보면 친구가 무슨 책을 읽는지 호기심을 갖고 다가가요. 재미있게 읽었던 책을 추천해 주기도 하고, 서로 재미나게 읽었던 책을 소개해 주기도 해요. 쉬는 시간에는 책 한 권을 둘이서 보기도 합니다. 책이 친구를 사귈 수 있는 매개체가 되는 것입니다. 도서관에 책을 함께 빌리러 가면서 돈독한 우정을 쌓는 모습도 자주 볼 수 있죠. 이처럼 책 한 권이 친구를 만들어 줄 수 있습니다.

1학년 시기는 독서 권수를 누적하여 기록하는 것도 좋은 독서 습관이 될 수 있습니다. 먼저 독서 목표를 정합니다. 1년 동안 100권 읽기도 좋습니다. 아직은 한글 쓰기가 어려운 시기니 책을 다 읽고 나면 독서 기록을 최대한 간단히 남겨 보세요. 도서명, 저자명만 써 두는 거죠. 분명 아이의 독서 목록을 보고 '어? 나도 그 책 읽어 봤어' 하고 다가오는 친구들이 있을 거예요. 아이들은 친구가 어떤 책을 읽었는지 궁금해하거든요.

책이 늘 아이 주변에 있을 때 어떤 일이 일어날까

책은 음식과 비슷해요. 좋아하는 분야의 책을 자주 꺼내 읽고, 마르고 닳도록 그 책만 보는 아이들도 참 많습니다. 세상에 다양한 종류의 재미난 책이 얼마나 많은지 알려 주고 싶은데 아이에게 억지로 읽힐 수는 없습니다. 아이에게 좀 더 다양한 책을 읽히고 싶다면 아이가 골라 온 책 주변에 엄마가 골라 온 책들도 펼쳐놔 보세요. 저는 거실 바닥에 일부러 여러 권을 깔아 놓기도 하고, 다른 물건들은 다 치워도 책들은 치우지 않았어요. 그랬더니 아이가 아침에 반쯤 감긴 눈으로 바닥에 널린 책 한 권을 주섬주섬 가져다 읽더라고요. 큰아이가 그렇게 행동하니 우리 집 둘째도 덩달아 책을 읽더군요. 주변에 책을 놓아 두었을 뿐인데, 이 작은 방법이 꽤 효과가 있었습니다.

아이와 도서관을 자주 다니며 호기심을 채워 줄 책을 같이 고르고, 저녁에는 책을 읽어 주면서 이야기 나누고, 읽은 책에 대해 다양한 의견을 나누면 좋겠습니다. 그렇게 하다 보면 아이는 심심할 때 스스로 책을 꺼내 읽고, 궁금한 것이 있을 때 책을 찾게 될 것입니다.

핵심 콕콕!

✔ 독서 후 후속 활동도 좋지만 몰입 독서부터 시작해 보기

✔ 책가방에 언제든 읽을 수 있는 책 한 권 넣어 주기

✔ 책과 가까워질 수 있는 의도된 환경 만들어 주기

✔ 도서관에 자주 다니며 다양한 종류의 책 빌려다 주기

✔ 읽은 책을 주제로 자주 이야기 나누기

지금, 아이의 필통
열어 보기

입학하고 1년이 다 되어 가도록 매주 금요일 알림장에 꼭 써 주는 담임 선생님의 당부가 있습니다.

'필통 가져오기'

공부하는 학생이 필기도구를 안 가져오는 것은 전쟁에 무기 없이 나가는 것과 같다고 호통치던 어린 시절 호랑이 선생님이 떠오르지 않나요? 핵심은 예나 지금이나 변치 않 듯 4차 산업혁명 시대를 살아가는 지금도 중요한 것은 한결

145

같습니다. 담임 선생님이 당연한 것을 굳이 또 이야기한다고 흘려듣기에는 이릅니다. 매주 한결같이 같은 것을 당부하는 데는 이유가 있습니다.

필통만 봐도 알 수 있는 아이들의 성격

제가 교직 생활을 통틀어 경험한 아이들의 필통 관리 유형은 세 가지로 나뉩니다.

유형 하나, 필통을 안 가지고 다니는 아이

필통을 챙겨 다니지 않고 연필 하나, 지우개 하나 들고 하루를 버팁니다. 혹여나 연필이 부러지면 선생님께 하나만 빌려 달라고 간곡히 부탁하지요. 내일은 반드시 가지고 오겠다고 약속하지만 다음 날이 되면 언제 그랬냐는 듯 맑은 얼굴로 또 찾아옵니다. 안타깝게도 이 유형의 아이 중 집에 연필 한 자루가 없는 아이는 없습니다.

유형 둘, 필통은 들고 오지만 필통 속 정리 정돈을 하지 않는 아이

필통은 늘 가지고 다닙니다. 다만 필통을 열어 보면 잘게 잘라 놓은 지우개, 부러진 연필심, 낙서한 종이, 꼬깃꼬깃 접어 둔 색종이 딱지 등 잡동사니가 가득해요. 가득한 잡동사니 때문에 수업이 시작했는데도 연필을 찾는 데 꽤 오랜

시간이 걸릴 수밖에 없습니다. 각양각색의 물건들이 아이를 유혹하기에 집중력도 쉽게 흐트러집니다.

유형 셋, 필통을 가지런히 정리하는 아이

가지런히 깎은 연필 서너 자루가 항상 필통에 들어 있어요. 정성스레 글씨를 쓰다 연필심이 뚝 하고 부러지면 여분의 연필로 곧장 교체하여 수업의 흐름이 끊기지 않게 활동을 지속합니다. 필통에 풀과 가위가 항상 들어 있어 수시로 꺼내 씁니다. 이 학용품들을 국어, 수학, 창체 시간마다 꺼냈다 넣었다 반복합니다. 필통 속에 빨간 색연필, 자, 네임펜 등 중요한 필기구 외에 다른 잡동사니는 없어요.

어떤가요? 내 어린 시절은 어땠는지 떠올려 보게 되지 않나요? 지금, 우리 아이의 필통 속은 어떤지 한번 들여다보세요.

우편함 들여다보듯 필통을 열어 보세요

육아나 캠핑에는 장비가 중요하다고 하지요. 공부도 마찬가지입니다. 좋은 필기도구는 공부에 집중할 수 있게 도와주고 능률을 높여 주지요. 우리 아이의 올바른 학습 습관을 위해 필통 속을 살펴봐 주세요. 이왕이면 필통을 가지런히 정리 정돈하는 습관을 들이도록 도와주는 것은 어떨까요? 앞서 1장에서 학습에 도움이 되는 물건을 신중하게 골라 구매해 보았습니다. 이제 그 물건들을 잘 관리하는 방법을 엄마가 안내해야 합니다.

우편물이 없어도, 도착할 택배가 없어도 오가는 길에 저절로 눈길이 가는 곳이 우편함이고 택배함입니다. 아이의 필통도 그런 마음으로 열어 보세요.

- 부러진 연필은 없는지
- 필통 속에 불필요한 잡동사니는 없는지
- 부러지거나 닳아서 교체해야 할 학용품은 없는지
- 지나치게 많은 필기도구를 담아 두지는 않았는지

아이의 필통 속을 점검했다면 아이 스스로 정리할 수 있도록 먼저 잘 정리한 필통을 보여 주세요. 아이 스스로 하면 더할 나위 없이 좋겠지만 스스로 하게 도와주는 것도 엄마의 역할이거든요. 엄마가 하면 5분 안에 끝날 일이어도 아이가 직접 해 보도록 기회를 주세요. 1학년이 습관을 형성하는 데 가장 중요한 시기라 그렇습니다. 이때를 잘 견디면 아이는 점차 자기 일을 스스로 할 수 있게 됩니다.

"○○아, 필통 속에 연필이 부러졌더라. 연필깎이로 잘 깎아 이렇게 세 자루만 넣어 두렴."

"○○가 얼마나 공부를 열심히 했는지 지우개가 이만큼이나 닳았네. 너무 작은 지우개는 쓰기 불편하니 새 지우개로 바꿔 봐."

"친구가 준 딱지가 너에게 소중하겠지만 엄마라면 수업 시간에 자꾸 꺼내어 보고 싶은 마음이 들 거 같아. 소중한 물건은 너만의 작은 상자에 모아 두렴."

이렇게 엄마가 구체적으로 조언해 주면 아이 스스로 할 수 있겠다 싶은 순간이 올 것이고, 저녁에 한 번 확인해 주는 것으로 충분한 때가 옵니다.

핵심 콕콕!

✓ 아이의 학습 습관은 필통 정리부터 시작된다는 것을 기억하기

✓ 아이의 필통 상태 체크하기

· 부러진 연필은 없는지

· 필통 속에 불필요한 잡동사니는 없는지

· 부러지거나 닳아서 교체해야 할 학용품은 없는지

· 지나치게 많은 필기도구를 담아 두지는 않았는지

학원보다 중요한 건
아이의 학습 루틴

아이를 학원에 보내야 하는지, 아니면 학습지만으로도 충분한지를 고민하는 학부모들이 많습니다. 그러나 교육 방식보다 중요한 것은 '학습 습관'입니다. 아이가 매일 해야 할 일을 정해서 꾸준히 실천하는 루틴을 만들 수 있도록 이렇게 도와주세요.

첫째, 일정한 시간에 공부하게 합니다. 하교 후, 저녁 식사 전 30분, 저녁 식사 후 30분 등 일정한 공부 시간을 정해 주세요. 1학년 시기에는 오래 집중하기 어려우니 짧은 시간 공부하는 것을 반복하게 합니다.

둘째, 같은 장소에서 공부하게 합니다. 아이의 여건에 맞게 아이 방 책상이든 식탁이든 상관없습니다. 조용히 집중할 수 있는 공간이면 돼요. 다만 혼자 공부하게 놔두는 것보다 엄마가 옆에서 봐주는 게 좋습니다.

셋째, 거뜬히 해낼 양을 스스로 정합니다. 받아쓰기 공부, 수 연산 공부 등 아이의 수준에서 매일 해낼 수 있는 분량을 해내어 성취감을 맛보며 학습 자신감을 쌓아 가야 합니다.

이렇게 꾸준히 반복하면서 습관으로 만들어 갑니다.

매일 공부하는 습관이 잡힌 아이는 안정감이 있습니다. 5분 정도는 꼼짝하지 않고 집중하는 능력이 있어서 수업시간에 활동도 충실하게 해냅니다. 시작점은 달라도 안정적인 학습을 경험하면 점점 더 학교생활이 재밌어지고, 새로운 무언가를 배우는 일이 즐겁습니다.

공부량은 절대 함부로 늘리지 않기

아이가 한두 달 학습 루틴을 곧잘 지키는 모습을 보면 "공부량을 더 늘려 볼까?" 하는 마음이 들어요. 그럴 때는 멈추세요. 1학년 때 가장 중요한 것은 '공부 정서'입니다. 내가 할 수 있는 수준에서 스스로 해내는 힘, 작은 성공을 맛보는 경험은 많으면 많을수록 좋습니다. 성공의 힘으로 '조금 더 해 볼까?' '한 번 더 시도해 볼까?'를 아이 스스로 결정할 수 있게 돼요. 그러니 부모 마음대로 공부량을 늘리기보다는 아이의 능력이나 호기심에 따라 학습량을 조금씩 늘려 주세요. 5분 안에 해결할 수 있는 과제로 시작해서 문제 수, 횟수, 양을 늘리는 겁니다.

아이에게 더 쏟고 싶은 열정을 엄마의 여유에 보태기

아이에게 더 쏟고 싶은 열정을 엄마인 '나'에게 돌려보면 좋겠습니다. 책을 읽고, 나만의 취미 생활을 하며 엄마의 휴식을 채우세요. 그 휴식을 원동력으로 행복한 '나'로서의 인생도 살아가 보아요. 꿈이 있고 행복한 엄마는 아이에게 좋은 롤 모델이 됩니다. 저는 엄마이자 작가로 두 번째 인생을 꾸려 가는 중입니다. 관심 있는 분야(경제, 노후, 글쓰기, 책 등)와 관련된 정보를 유튜브나 책으로 꾸준히 접하고 배우며 꿈을 이루어 가고 있어요.

많은 부모가 아무리 쪼개고 쪼개도 시간이 부족하다고 이야기합니다. 그러나 아이를 위한 시간만큼 '나'를 위한 시간도 중요합니다. 바로 지금, 잠시 멈춰서 마음의 소리에 귀 기울여 볼까요? 성장과 변화를 원하는 건 누구보다 엄마인 나 자신일 것입니다.

핵심 콕콕!

✔ 학습 루틴은 지속 가능해야 함을 명심하기
✔ 시시할 만큼 최소한의 공부량을 정해 반복하기
✔ 공부량을 함부로 늘리지 않기
✔ 엄마의 에너지를 채우는 휴식 시간을 반드시 갖기

아이의 학습 루틴을
어떻게 만들어야 할까요?

. . . .

박은선
1학년 학부모, 《초3 공부가 고3까지 간다》, 《엄마의 큰 그림》,
《초등 글쓰기가 입시를 결정한다》, 《책 읽기보다 더 중요한 공부는 없습니다》,
《미술관을 걷는 아이》, 《초등 공부의 정석》 저자

이제 막 학교생활에 적응하는 초등학교 1학년은 학습 난이도가 그리 높지 않습니다. 학습량도 적은 편이죠. 국영수 공부를 많이 시켜서 성과를 내기보다는 습관 잡기에 중점을 두세요. 지금은 공부에 힘을 주는 시기가 아닙니다. 엄마도 아이도 공부에 대한 마음가짐이 가뿐해야 합니다. 긍정적인 공부 정서를 갖는 게 중요해요. 연산 문제 10개, 파닉스 1쪽 등 시시할 만큼 최소한의 공부량을 정하세요. 무엇보다 독서를 통해 아이와 교감하는 시간을 만들어야 합니다. 모닝 독서, 잠자리 독서 등 루틴을 정해 아이와 몸을 맞대며 함께 독서해 보세요. 공부량을 늘리고 싶다면 방학을 이용하되 그마저도 아이가 부담되지 않도록 조절합니다.

엄마가 건강해야 아이의 공부든 독서든 이끌 수 있습니다. 아이가 학교에 있는 동안 잊고 있던 취미 생활을 즐기거나 좋은 사람들을 만나 보세요. 워킹맘이라면 주중에는 도통 혼자만의 시간을 갖지 못할 거예요. 주말에는 카페에서 커피라도 한 잔 하면서 자신만을 위한 시간을 확보하세요. 엄마만의 시간을 누리며 체력과 마음 근력을 충전하여 엄마도 아이도 편안한 공부 습관을 잡아야 합니다.

바쁘고 피곤해도
잠자리 독서는 꼭!

　자녀교육으로 유명한 유대인 부모들은 아무리 바빠도 자기 전 자녀에게 책을 읽어 주는 잠자리 독서를 한다고 합니다. 잠자리 독서를 해 본 부모는 잘 알겠지만, 초심과는 달리 내 맘대로 되지 않아 작심삼일로 끝나기 쉽습니다. 요즘 들어 많은 부모들이 SNS에 잠자리 독서 인증을 하고, 라이브 방송을 통해 서로 동기 부여를 하면서 잠자리 독서법을 공유하고 있습니다. 잠자리 독서의 중요성은 알지만 계속하기 어려움을 여실히 보여 주는 사례라고 할 수 있습니다.

어떤 책을 읽어 줄지 아이와 함께 정하기

서점에서 책을 함께 고르거나 도서관에 가서 함께 책을 빌려 읽는 것이 가장 좋은 방법입니다. 매일 집 책장에 꽂힌 책만 꺼내 읽는 것은 냉장고에서 매일 같은 반찬만 꺼내 먹는 것과 같아요. 비슷한 책을 읽는 것이 익숙하기는 하지만 자칫 경험과 생각의 확장을 막는 격이 될 수 있습니다. 아예 새로운 분야의 책을 권한다면 거부할 수도 있으니 좋아하는 분야를 조금씩 확장시킬 만한 책을 소개해 주세요. 예를 들어 평소 동물에 관심이 많다면 동물 인권, 반려동물 관련 책들을 아이 앞에 내밀어 보는 것도 방법입니다.

서점이나 도서관에 같이 가서 아이가 원하는 책을 고르면서 부모가 읽어 주고 싶은 책도 권해 보세요. 평소 아이가 좋아하는 책의 작가를 기억해 두었다가 작가의 신간이 나오거나 작가의 또 다른 작품을 보여 주면 관심을 가질 거예요. 그러다 보면 책을 찾아 읽는 모습으로 발전할 수 있습니다. 책을 고르면서 엄마도 책 내용이 재미있어 읽어 주는 시간이 즐겁고, 읽고 난 후에 아이 스스로 그 책을 다시 찾아 읽기도 합니다. 상상치도 못할 정도로 책과 아주 깊이 친해지는 계기가 될 수 있어요.

책에 나오는 어려운 낱말이나 배경지식을 재미있게 설명해 주기

"엄마, 고래 싸움에 새우 등 터진다는 말이 무슨 뜻이에요?"

"아빠, 궁리가 뭐예요?"

책을 읽다 보면 아이가 이해하기 어려운 낱말이나 문장을 물어봅니다. 이때 바로 뜻을 알려주기보다 알고 있는 단어나 한자와 연결 지어 추측하게 해 보세요. 예를 들어 '고래 싸움에 새우 등 터진다'라는 속담이라면 고래 두 마리 사이에 끼어 있는 새우가 어떤 기분일지, 그렇다면 이 속담의 뜻은 무엇일지 물어봅니다. 삽화나 그림이 있다면 함께 살펴보면서 이야기를 나누어도 좋아요. 이렇게 아이와 마음이 통하는 즐거움을 함께 느껴 보세요. 그러면 아이는 문맥 안에서 낱말의 뜻을 이해하게 되고, 배운 것을 활용하여 친구와 대화를 나누거나 글을 쓰게 될 것입니다.

매번 엄마가 읽어 줄 필요는 없어요

잠자리 독서의 기본은 침대에 누운 아이의 머리맡에서 부모가 책을 읽어 주는 것이지만, 방법을 살짝 변형하면 더욱 재밌는 시간을 보낼 수 있어요. 아이가 잠자리 독서 시간을 조금 지루해한다면, 아이와 이렇게 해 보세요.

· 한 쪽씩 읽기

엄마와 아이가 한 쪽씩 번갈아 책을 읽습니다. 수동적으로 듣는 게 아니라 함께 읽는 것이기 때문에 아이가 독서에 더욱 집중할 수 있어요.

· 아이가 엄마에게 읽어 주기

매번 아이에게 읽어 주기만 했다면, 가끔은 역으로 아이에게 책을 읽어 달라고 요청해 보세요. 더듬더듬 읽거나 속도가 너무 느리더라도 평가는 금물입니다. 다 읽고 나면 사소한 점이라도 칭찬해 주세요.

· 아이와 역할 정해 읽기

등장인물이 있는 그림 동화책을 읽어 주는 날이라면 아이와 등장인물 역할을 하나씩 맡아 책을 읽어 보세요. 진짜 등장인물이 된 것처럼 실감 나게 읽다 보면, 즐거운 잠자리 독서 시간이 될 거예요.

· 각자 독서하는 시간 갖기

어느 날 아이가 오늘은 혼자 책을 읽겠다고 한다면 어떻게 하시겠어요? 아이가 책 읽는 동안 스마트폰으로 인스타그램 피드나 볼까 마음먹었다면 당장 멈추어야 합니다. 어른은 아이의 거울이라는 말이 있습니다. 아이는 엄마의 책 읽는 모습을 보며 독서 습관을 기릅니다. 인스타그램, 온라인 쇼핑은 잠깐 제쳐두고 읽다 멈춘 책을 꺼내와 보세요. 고요하고 평화로운 독서 시간이 아이의 행복한 추억 드라이브 속에 오래도록 남을 것입니다.

잠자리 독서의 핵심은 '꾸준함'

부모님의 하루는 참 바쁩니다. 집안일 때문에, 회사 일이 바빠서 잠자리 독서를 건너뛰고 싶은 유혹이 매일 쏟아질 거예요. 가끔은 무성의하게 책을 읽어 주는 날도 있겠지요. 저의 경우 학교에서 온종일 먼지를 마셔 가며 말을 많이 한 날엔 잠자리 독서 시간이 5분도 채 안 되는 날도 있었고, 아이들에게 양해를 구하고 책 읽어 주기를 쉰 날도 있습니다. 매일 같은 컨디션이나 기분으로 잠자리 독서를 하기는 어렵겠지만, 중요한 것은 잠자리 독서를 지속하는 것입니다. 아이와의 소중한 시간은 다시 돌아오지 않는다는 것을 잊지 말고, 잠자리 독서 시간 만큼은 꼭 챙겨야 합니다.

핵심 콕콕!

✓ 어떤 책을 읽어 줄지 아이와 함께 정하기
✓ 책을 읽어 줄 때 어려운 낱말이나 배경지식을 함께 공부하기
✓ 잠자리 독서를 지루해하면 다양한 방법으로 집중력 높여 주기
✓ 잠자리 독서를 꾸준히 실천하기

1학년 아이와 함께
읽기 좋은 책을 추천해 주세요

· · · · · · · · · · ·

전영신
어린이책 함께 읽는 독서교육 전문가,
《초6의 독서는 달라야 합니다》,《지안이는 1학년》 저자

《두근두근 1학년 선생님 사로잡기》

(송언 글, 서현 그림, 사계절, 2014)

아이를 처음 학교에 보내는 부모의 가장 큰 고민은 아마도 '우리 아이가 낯선 학교에 잘 적응할 수 있을까?'일 것입니다. 선생님께 미움받을까 봐 두려웠던 윤하가 마침내 사랑받는 아이가 되기까지의 이야기가 담겨 있어요. 선생님과 좋은 관계를 맺으면 학교 적응은 문제없겠지요.

《내가 잘하는 건 뭘까》

(구스노키 시게노리 글, 이시이 기요타카 그림, 김보나 옮김, 북뱅크, 2020)

선생님은 분명 "누구나 잘하는 것 한 가지는 있다"고 하는데 소타는 아무리 생각해도 자신이 잘하는 게 무엇인지 떠오르지 않았어요. 유치원보다 더 많은 경쟁 상황에 놓이면서 아이들이 주눅 들기도 하겠지만 소타처럼 자신을 잘 들여다보면서 가장 잘하는 걸 꼭 찾았으면 좋겠습니다.

📖 《친구에게》

(김윤정 글·그림, 국민서관, 2016)

좋은 친구는 어떤 친구일까요? 슬플 때 위로가 되어 주고 두려울 때 함께해 주는 친구입니다. 아이들은 종종 "빨리 내일 학교 가서 ○○랑 놀고 싶다"는 말을 하곤 합니다. 친구의 의미가 아주 크죠. 투명한 필름을 넘기면 새로운 이야기가 펼쳐지는 구성이라 아이들이 좋아하는 책입니다.

📖 《나의 작고 커다란 아빠》

(마리 칸스타 욘센 글·그림, 손화수 옮김, 책빛, 2020)

아이들이 낯선 세상으로 나아갈 수 있는 힘은 결국 부모의 변함없는 사랑입니다. 늘 같은 자리에서 자신을 기다리며 응원해 주는 부모님에 대한 믿음이 있다면 학교에서 겪는 크고 작은 어려움도 잘 헤쳐 나갈 수 있어요. 늘 강했던 아빠가 딸 마야를 잃어버리고 눈물범벅이 된 모습은 부모의 큰 사랑을 느끼게 해 줍니다.

📖 《수박》

(허은순 글·사진, 이정현 그림, 현암주니어, 2016)

학교에 다니다 보면 나보다 조금 느린 친구를 위해 기다려야 하는 상황, 혼자 독차지하고 싶어도 친구와 나누어야 하는 상황, 조금 마음에 들지 않아도 친구의 의견을 받아들여야 하는 상황 들이 생깁니다. 그런 상황들에 지혜롭게 대처하는 아이는 친구 관계가 원만하죠. 커다란 수박 한 통을 통해 배려와 양보, 나눔의 기쁨을 알려 주는 책이에요.

학습 결과물(교과서, 활동지) 다시 살펴보고 정리하기

아이의 학습 속도가 느리거나 실수가 잦아 결과물의 완성도가 좋지 못해도 아이를 다그치거나 실망하지 말아 주세요. 아이는 이제 여덟 살입니다. 아직 배워야 할 날들이 훨씬 많고, 긍정적인 공부 정서를 심어 주는 것이 더 중요한 시기입니다.

"모르면 배우면 되지", "틀리면 다시 고치면 되지", "아직 배우는 중이니 실수해도 괜찮아", "다음에 또 실수하지 않게 노력하면 돼"라고 말해 주는 부모가 되어 주세요.

실수가 잦다면 실수 원인부터 파악하기

얼마 전 세탁기에서 빨래를 꺼내 개는 중이었어요. 그런데 양말 하나가 짝이 없는 거예요. 갑자기 사라져 버린 양말 한 짝을 찾느라 난리였습니다. 빨랫거리를 넣어 두는 통, 세탁실, 서랍장 근처를 모두 뒤져 본 후에야 겨우 찾았는데, 왜 양말 한 짝이 엉뚱한 곳에서 발견된 것일까 곰곰이 생각해 보니 양말을 벗어 세탁기에 휙 던지는 습관 때문인 것 같았습니다.

실수의 이유를 찾는 과정도 양말 한 짝을 찾는 과정과 비슷합니다. 만일 아이가 잘 알고 있는 것인데 여러 차례 같은 실수를 한다면 이유를 함께 찾아보세요. 저희 큰아이는 쉬운 수학 문제도 자주 실수로 틀리곤 했는데, 몰라서 틀리는 게 아니라면 이유가 무엇일까 함께 고민해 보니 문제를 잘 살펴보지 않고 앞 문제에서 요구한 연산 방식과 같을 거라 속단해서 그런 것이었어요. 이유를 알고 나니 천천히 한 글자씩 눈으로 짚어 읽기, 문제를 다시 한번 읽어 보기 등 실수를 줄이는 방법을 알려 줄 수 있었습니다. 이처럼 아이가 자주 실수를 한다고 다그치고 나무라기보다는 정확한 원인을 파악하여 실수를 줄이는 방법을 알려 주고 반복 연습하게 해야 합니다.

끝까지 해내지 못하는 활동이 많다면 그 이유를 찾아보기

분명히 잘 아는 내용일 텐데 끝까지 마무리하지 못하고 다음 활동으로 넘어간 흔적이 보인다면 이유는 두 가지 중 하나일 수 있습니다. 활동에 제대로 집중하지 못했거나 활동 수행 속도가 늦는 경우입니다.

아이가 수업에 집중하지 못한다면 분명 이유가 있을 거예요. 먼저 책상과 필통을 비롯한 공부 환경이 잘 정돈되었는지 살펴보아야 합니다. 책상이 지저분하거나 여러 잡동사니로 어수선해서 집중력이 흐트러지는 환경이라면, 책상 위에 공부하는 데 꼭 필요한 물건만 꺼내 놓는 습관을 들여야 합니다. 그다음 아이의 공부 정서를 살펴봐야 합니다. 어떤 이유로 학습에 적극적으로 참여하지 않는지 원인을 파악해야 해요. 자신감이 부족하다면 평소 아이의 말을 잘 들어주며 용기를 북돋고 지켜봐 주세요. 아이가 힘들어하거나 피곤해 보인다면 수면이 부족하지는 않은지, 일과가 너무 빠듯한 것은 아닌지 살피며 좋은 컨디션으로 학교 수업 시간에 참여할 수 있도록 챙겨 주세요.

친구들보다 활동 수행 속도가 느린 아이의 경우 개념을 잘 이해하지 못해 느린 아이도 있지만 하나를 해도 완벽하게 이해하고 수행하는 것을 지향하는 성격이거나 꼼꼼한 성격의 아이일 수도 있습니다. 1학년 때는 속도가 느리더라도 해야 할 일을 잘 마무리해 나가는 것에 초점을 두어야 합니다. 아이의 교과서를 살펴보고 수업 시간에 놓친 부분이 있다면 방학을 이용하여 잘 익히고 그다음으로 넘어갈 수 있도록 도와주세요.

학습 속도보다 중요한 것은 '자신감'

아이의 마음속에 공부 자신감을 심어 주어야 합니다. 수업 시간에 살짝 집중력이 떨어지거나 다른 아이보다 학습 속도가 느린 것이 초등학교 1학년 아이들에게는 그리 큰 문제가 아닙니다. 소소한 문제로 아이의 마음을 움츠러들게 하지 말고, 아이가 여유롭게 자신감을 기를 수 있도록 격려와 응원을 아끼지 말아 주세요. 아이들은 "괜찮아, 충분히 잘하고 있어"라는 말에 용기를 얻습니다. 실수하면서 그것을 극복하는 것이 진짜 교육입니다. 아이들이 공부에 어려움을 느끼는 것은 당연하고, 그렇게 어렵게 공부해서 얻은 지식은 잘 잊히지 않습니다.

아이의 활동 결과물로 강점과 약점 파악하기

모든 아이가 어떤 교과 활동이든 적극적으로 참여하고

결과물도 완벽하다면 참 좋겠습니다만, 그런 아이는 반에서 손에 꼽히는 정도입니다. 그렇다면 우리 아이가 무엇을 잘하고 어떤 것이 부족한지 파악해 그 강점은 살리고 약점은 보완해 주어야겠지요?

아이의 강점과 약점을 가장 확실하게 나타내 주는 것은 바로 '학습 결과물'입니다. 아이가 집에 가져오는 활동지, 학습지, 교과서는 아이의 강점과 약점 보물을 찾는 단서입니다. 교실에서 살펴보면 그리기나 만들기를 하더라도 아이의 개성에 따라 결과물이 다르거든요. 색깔을 조화롭게 잘 쓰는 아이도 있고, 색종이 접기를 기똥차게 잘하는 아이도 있고, 색칠이나 풀칠을 꼼꼼하게 잘하는 아이도 있습니다. 만들기는 잘하는데 수학 연산을 유난히 어려워한다는 것을 알려 주는 것도 학습 결과물(수학익힘책)입니다. 아이가 완성해 온 것들을 유심히 살펴보면 어떤 점이 부족한지 보입니다. 부족한 부분은 채워 나가고 잘한 부분은 있는 힘껏 칭찬해 주세요. 아이의 약점이 눈에 먼저 들어오겠지만 이왕이면 강점을 더 찾아내겠다는 마음으로 아이의 학습 결과물을 살펴보면 좋겠습니다.

- ✔ 아이가 같은 실수를 자주 한다면 이유를 살펴보고 실수를 줄이는 방법 알려 주기
- ✔ 제대로 끝내지 못하는 활동이 많다면 그 이유를 찾아보기
- ✔ 학습 속도보다 해내는 것에 초점을 맞추어 응원하고 격려하기
- ✔ 아이의 학습 결과물로 강점과 약점 파악하기

5장

학교생활의 핵심, 학습 실력 높이기

바른 글씨,
초등 1학년이 골든 타임

초등학교에 입학한 큰아이가 교과서에 쓴 글씨를 보고 가슴이 철렁했습니다. 잠자리 독서를 꾸준히 해서 한글 읽기는 잘했지만 바른 자형으로 쓰는 것은 생각만큼 늘지 않더라고요. 그래서 학교에서 내주는 바른 글씨 쓰기 숙제를 필사적으로 의지하여 아이와 매일 글씨 쓰기 연습에 매진했습니다. 아이가 연필을 쥐고 구불구불 춤추는 글자를 끼적이는 걸 보고 저처럼 마음이 쓰이는 부모님이 많을 것입니다.

글씨를 잘 쓰려면 '연필 잡는 자세'부터 바르게

글씨체는 어렸을 때 처음 배운 대로 성인까지 유지되는 경우가 많아요. 그렇기 때문에 어렸을 때부터 바른 글씨체를 연습하는 것이 매우 중요합니다. 바른 글씨 쓰기에 앞서 더 중요한 것이 있는데 무엇일까요? 바로 '연필 잡는 자세'입니다.

1학년 국어 교육과정을 살펴보면 쓰기를 시작하기 전에 바르게 연필 잡는 방법과 바른 자세에 관한 내용이 나옵니다. 아이들 대부분이 어린이집과 유치원에서 색연필, 연필 등을 사용하면서 연필 잡는 자세가 굳어진 상태로 초등학교에 입학합니다. 바른 습관을 가진 아이들이 대부분이지만 잘못된 자세로 연필을 잡고 쓰는 친구들도 많아요. 주먹을 쥔 채로 연필을 잡는 아이, 중지와 약지 사이에 연필을 끼워서 쓰는 아이도 있습니다. 이미 굳어진 습관을 고치기는 쉽지 않습니다. 특히 이미 잘못된 자세가 습관이 되었는데 자형은 보기 좋은 경우가 있는데, 바르게 연필 잡는 자세로 바꾸니 글씨가 삐뚤빼뚤해져 자꾸만 원래 방법으로 돌아가곤 합니다.

자형도 예쁘고 아이도 고치기 힘들어하는데 구태여 연필 잡는 방법을 교정해야 하는 이유는 무엇일까요? 연필 잡는 자세가 바르지 않으면 학년이 올라가며 긴 분량의 글을 쓸 때 쉽게 힘들어하고 지칠 수 있습니다. 따라서 기본자세부터 곧아야 합니다. 운동을 배울 때 기본자세부터 제대로 배우는 것처럼요.

손가락 소근육 발달이 덜 된 상태에서 글씨를 쓰면 아이가 편한 방식으로 연필을 잡게 됩니다. 습관이 굳어져 버리면 고치기 어려우니 본격적으로 글씨를 쓰기 전에 반드시 바르게 연필 잡는 방법을 알려 주고 바른 자세를 잘 잡아 주세요.

글씨 쓰기 연습은 10칸 점선 공책에 하기

아이들이 바른 글씨 연습을 할 때 10칸 점선 공책을 많이 쓰는데요. 가운데에 점선으로 된 보조선이 있는 공책을 사용하는 것이 좋습니다. 보조선을 기준으로 자음과 모음의 위치를 바르게 쓰고 글씨 크기도 적당하게 쓸 수 있기 때문입니다. 또한 보조선 중심을 기준으로 하여 칸의 중심이 가득 차게 글씨를 쓰되 칸을 벗어나지 않게 쓰는 것을 연습할 수 있습니다. 보조선이 없는 10칸 공책에 곧장 연습하는 것보다 훨씬 더 효과적입니다.

10칸 점선 공책으로 연습한 글씨 쓰기

글씨 쓰기 연습, 하루에 얼마나 하면 좋을까

바른 글씨는 아이가 단시간에 체득하기 어렵습니다. 꾸준히 진득하게 연습해야 하지요. 그렇기 때문에 처음부터 지나치게 연습을 시키면 아이가 흥미를 잃을 수 있습니다. 하루에 한 글자부터 시작하여 낱말 쓰기, 문장 쓰기, 문단 쓰기 순서로 양을 점진적으로 늘리고, 연습량을 정해서 매일 규칙적으로 써야 합니다. 글씨 쓰기 연습을 할 때도 앉는 자세와 연필 잡는 방법을 바르게 하고 있는지 중간중간 점검해 주세요.

아이와 함께 바른 글씨 쓰기 연습 시간을 정하고, 그 시간만큼은 엉덩이를 붙이고 집중해서 쓰도록 도와주세요. 매일 쓰기 연습을 하다 보면 아이가 건성으로 빨리 써 버리는 경우도 있는데요, 속도 내서 많이 쓰는 것보다 한 자씩 천천히, 정성껏 쓰는 것이 더 좋다는 것을 알려 주고 집중력을 잃지 않게 하는 것이 핵심입니다.

1년간 연습한 바른 글씨

한 가지 더 이야기하자면 글씨를 잘못 썼을 때는 곧장 지우개로 지우는 습관을 들여야 합니다. 지우개를 사용하지 않고 쓱쓱 연필로 긋고 쓰게 되면 대충하거나 최선을 다하지 않아도 만족하는 태도를 가질 수도 있거든요. 바른 글씨 쓰기는 지름길이 없습니다. 앉는 자세와 연필 잡는 방법을 체크하고 천천히 바르게 쓰는 것이 중요합니다.

핵심 콕콕!

✔ 앉는 자세와 연필을 바르게 잡는 자세부터 잡아 주기
✔ 점선으로 된 보조선이 있는 10칸 점선 공책으로 연습하기
✔ 한 글자부터 시작하여 낱말, 문장, 문단 쓰기로 연습량 늘리기
✔ 바른 글씨 쓰기 연습 시간을 아이와 정하고 천천히, 정성껏 쓰기

아이와 함께 할 수 있는
바른 글씨 연습 노하우를 알려 주세요

· · · · · · · · · ·

노유경
1학년 담임 경력 10년, 1학년 교육 전문가

글씨 연습을 할 때 필기구를 단계별로 다르게 사용해 주세요. 처음에는 심이 굵고 무른 크레파스부터 시작해서 얇은 색연필, 연필 등 심이 단단한 것으로 바꿔 사용하게 합니다. 크레파스로 곧은 획, 굽은 획 쓰기를 충분히 연습하고 글씨를 써 봅니다. 익숙해지면 색연필로 획 쓰기 연습을 하고 따라 쓰기를 연습합니다. 색연필로 글씨 쓰기가 잘되면 연필로 쓰기를 연습합니다. 이렇게 굵기를 줄여 가며 연습하는 것이지요. 1학년 때는 2B 연필을 사용하는 게 좋습니다.

공책은 처음에는 줄이 없는 종합장에 크게 써 보고, 그다음 종합장을 네 번 접은 크기에 써 봅니다. 여기에 익숙해지면 5칸 공책에서 8칸 공책, 10칸 공책으로 점점 글자 한 칸의 크기를 줄여 가며 쓰기 연습을 합니다. 10칸 공책의 한 칸에 연필로 글자를 쓰게 되면 이제 바른 글씨를 쓸 준비가 된 것입니다.

일기, 독서록
이렇게 시작하기

1학년 1학기가 거의 마무리되고, 무더운 여름방학을 앞두고 있을 때쯤 아이들은 그림일기 쓰기를 배워요. 1학년 2학기 말에는 겪은 일을 글로 쓰기, 달리 말해 일기 쓰기를 배웁니다. 일기를 쓴다는 것은 한글을 충분히 습득하여 자기 생각을 다양한 방법으로 표현할 줄 아는 단계라고 말할 수 있습니다.

학교 안팎에서 1학년 한글 공부에 대해 누누이 강조하는데, 과연 어느 정도의 수준을 말하는 걸까요? 글자를 알고 읽는 것에서 나아가 독해가 가능한 읽기 능력, 자기 생각 쓰기까지가 1학년 교육과정의 수준입니다. 그렇다면 여름 방학, 겨울 방학 숙제이기도 한 일기 쓰기는 가정에서 어떻게 시작하면 좋을지 그리고 어떻게 하면 아이가 살아 있는 글쓰기를 할 수 있을지 알아보겠습니다.

생활 속에서 일기 글감 찾기

일기는 여행이나 파티 같은 거창하고 특별한 일이 아니라 하루하루 겪은 일을 소재로 삼아야 합니다. 가까운 이야기를 소재로 삼기 위해서는 지금 시점부터 거슬러 올라가 과거에 있었던 일을 기억해야 합니다. 때마다 사진을 찍어 두는 것도 좋은 방법입니다. 저의 경우 아이의 여름 방학 동안 평범했던 일상을 때때로 사진 찍어 두었더니 아이가 사진을 살펴보면서 그 당시 기억을 떠올려 일기를 생생하게 쓰는 데 큰 도움이 되었어요.

쓰기가 어렵다면 말로 먼저 표현해 보기

일기는 아침에 일어나서 잠들 때까지의 일을 시간순으로 쓰는 것이 아닙니다. 아이의 기억에 남은 장면에 주목하여 아이가 집중해서 설명하도록 도와주세요. 아이와 그날 있었던 일에 관해 대화를 나눠 보는 것도 좋아요. 엄마와 함께 도서관에서 책을 읽었다면 책이 재미있었는지, 다음에는 어떤 책을 읽고 싶은지, 엄마와 함께한 시간은 어땠는지 등 다양한 대화를 나눌 수 있습니다. 먼저 말로 표현하고 써 보면 자연스럽게 이어 쓰기가 더 쉽습니다.

아이가 신나서 더 말하게 되는 마법의 추임새 세 가지를 알려드려요. 단, 목소리 톤에 유의하세요. 우리는 강력반 형사가 아닙니다. 취조하듯 몰아붙이기는 금물입니다.

도윤: 아빠랑 어제 목욕탕에 갔는데 물이 진짜 뜨거웠어.

엄마: 그래? **얼마나?**

도윤: (과장하며) 하마터면 엉덩이에 화상을 입을 정도였어.

엄마: (눈이 커지며) 정말? **그래서?**

도윤: 그 옆에 탕은 더 뜨겁다고 쓰여 있어서 도저히 들어갈 수가 없었어. 그런데 탕에 계신 할아버지께서 온도계가 고장이 나서 내가 들어갔던 탕보다 안 뜨겁다고 하셨어.

엄마: 그랬구나, 그때 네 마음은 **어땠어?**

도윤: 그걸 나중에 알게 되어서 속은 기분이 들었어.

엄마: 하하하, 속상했겠다.

도윤: 다음에는 그 옆에 있는 탕부터 들어가야겠다고 생각 했어.

위 대화에서 엄마는 '얼마나?' '그래서?' '어땠어?'라는 추 임새로 아이의 생각과 감정에 공감했습니다. 이 세 가지 추 임새를 잊지 말고 아이와 대화할 때 꼭 사용해 보세요.

위에서 대화한 내용을 토대로 아이는 이렇게 일기를 썼 네요.

어제 아빠와 목욕탕에 갔다. 온탕의 물이 너무 뜨거워서 엉 덩이에 화상을 입을 것 같은 기분이 들었다. 옆 탕은 온도계의 숫자가 42여서 들어갈 수가 없었는데 탕에 계신 할아버지께서 온도계가 고장 났다고 하셨다. 그걸 이제야 알게 되다니, 속았 다. 다음에는 두 번째 탕부터 들어가야겠다.

기분을 표현하는 다양한 어휘 익히기

"참 재미있었다." "정말 재미있었다." "진짜 재미있었다."
아이들 일기의 마지막 문장은 어쩜 이렇게 똑같을까요.
아이들이 매번 비슷한 문장으로 일기를 쓰는 이유는 감정 이나 기분을 표현하는 어휘력이 부족하기 때문입니다. '재미있다'는 감정을 '재미있다' 말고 어떻게 표현해야 할지 몰라서 그런 것이지요. 다음 예시를 살펴보며 아이와 함께 다양한 기분과 느낌 표현을 익혀 보세요.

· 기분

기쁘다	날아갈 것 같다	힘들다	상쾌하다	유쾌하다
어색하다	화나다	억울하다	신기하다	들뜨다
서운하다	재미없다	밉다	즐겁다	행복하다
불안하다	걱정되다	떨리다	무섭다	불쾌하다
피곤하다	지루하다	고소하다	설레다	따분하다
질투하다	통쾌하다	슬프다	축하하다	짜증나다

· 느낌

시원하다	따뜻하다	사랑스럽다	착하다	울퉁불퉁하다
간지럽다	부드럽다	거칠다	헐렁하다	밝다
서늘하다	예쁘다	매끄럽다	맑다	보들보들하다
불쌍하다	울렁거리다	곱다	출렁거리다	귀엽다
보송보송하다	싱그럽다	어둡다	이상하다	덥다

형식보다 내용에 집중하기

아이가 일기를 쓸 때 맞춤법은 틀려도 됩니다. 소리 나는 대로 쓸 수만 있다면 맞춤법은 천천히 고쳐 가면 되니까요. 띄어쓰기도 지적하지 마세요. 문법에 신경 쓰다 보면 생각을 자유롭게 표현하지 못할 수 있습니다.

'아하, 이렇게 하는 거네.' '아하, 이런 뜻이었구나.'

초등 1학년의 공부는 '아하'입니다. 이때 부모는 속도를 내어 다음 단계로 빨리 넘어가도록 이끌기보다 현재의 공부를 충실히 해내는 것이 나중에 큰 힘을 발휘한다는 것을 명심하고 뚝심 있게 지켜봐야 해요. 아이의 결과물이 부모의 성에 차지 않을 수도 있지만, 선행학습보다 공부의 즐거움을 알아 가며 습관을 만드는 것, 실행 가능한 계획을 세워 꾸준히 해내는 것이 1학년 학습의 핵심입니다.

핵심 콕콕!

✔ 생활 속에서 일기 글감 찾기

✔ 일기 쓰기를 막막해한다면 대화를 통해 자연스럽게 이어 쓸 수 있도록 도와주기

✔ 기분과 감정을 나타내는 다양한 표현법 익히기

✔ 일기 쓰기만큼은 맞춤법이나 띄어쓰기보다 생각을 자유롭게 표현하는 데 집중하기

맞춤법,
꾸준히 공부하기

한글의 형태와 모양을 익히는 한글 공부는 1학년부터 꾸준히 해야 하는 공부입니다. 한글의 형태와 모양을 눈으로 확인하고 소리 내어 읽음으로써 기초 문해력을 신장시킬 수 있습니다. 교실에서 살펴보면 자음과 모음을 결합하여 받침이 있는 글자를 읽거나 쓰는 아이부터 이름 석 자 겨우 쓰는 아이까지 아이들의 실력차가 너무 큽니다. 그래서 초등학교에서는 1학년 1학기 동안 한글 해득을 집중적으로 지도합니다. 하지만 학교에서 공부하는 시간만으로는 한글을 깨치는 데 한계가 있기에 가정에서 읽기와 쓰기를 지도해 주어야 합니다.

받아쓰기도 장점이 있어요

받아쓰기는 1학년 1학기 국어 교육과정에 편성되어 있지 않을 뿐만 아니라 학생과 학부모에게 부담을 주지 않기 위해 지양하고 있기는 합니다. 하지만, 장점도 꽤 있습니다. 받아쓰기 연습을 하면서 아는 것과 모르는 것을 정확하게 파악할 수 있습니다. 단어나 문장을 읽을 줄 안다고 해서 쓸 줄 아는 것은 아니니까요. 들리는 대로 쓰는 것과 맞춤법에 맞게 쓰는 것의 차이를 받아쓰기를 통해서 알게 된다고 해도 과언이 아닙니다. 문장을 보지 않고 쓰는 것은 난이도가 꽤 높아요. 그렇기에 가정에서 부모님과 공부하는 과정이 필요합니다.

받아쓰기 이렇게 연습해요

첫째, 여러 번 읽기

만약 열 문장을 듣고 받아쓴다면, 한 문장씩 읽어 봅니다. 아이와 함께 동시에 읽기, 아이와 번갈아 가며 읽기, 마지막 문장부터 거꾸로 읽기 등 방법을 다르게 하면 연습이 지루하지 않을 뿐만 아니라 읽는 횟수도 저절로 늘어납니다.

둘째, 어절 단위로 읽어 주기

예를 들어 '어제 학교에 갔다'라는 문장이라면 '어제∨학교에∨갔다'처럼 띄어 쓰는 부분에 타이밍을 두고 읽어 주세요. '어∨제∨학∨교∨에∨갔∨다'처럼 읽는 것은 의미 단위로 문장이 구성된다는 것을 배우는 데 도움이 되지 않습니다.

셋째, 틀린 것만 다시 연습하기

받아쓰기를 한 문장 중 맞은 문장도 있고, 틀린 문장도 있을 거예요. 이때 틀린 문장만 다시 살펴봅니다. 이미 아는 것을 여러 번 다시 쓰는 것은 실제로 큰 효과가 없어요. 무엇을 틀렸는지 살펴보고 왜 그렇게 썼는지 아이와 대화하면 실마리를 찾을 수 있어요.

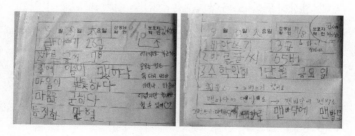

받아쓰기 틀린 부분 연습

185

넷째, 여러 가지 방법으로 연습하기

어떤 일이든 연습 과정은 지루합니다. 근력 운동이 얼마나 지루한지 아시죠? 반복하는 일은 어른들도 힘든데 아이는 오죽할까요? 받아쓰기 문장을 한두 번만 써도 몸을 배배 꼬고 지루해합니다. 한 문장을 열 번씩 반복해서 써 보는 연습 방법은 그 과정이 훨씬 더 지루하게 느껴지고, 학습 능률도 떨어집니다. 그러니 방법을 놀이처럼 바꿔 보세요. 연습 환경을 바꿔 화이트 보드판에 써 보거나, 엄마와 번갈아 받아쓰기 문제를 내는 등 변화를 주면서 연습하는 것도 좋습니다.

다섯째, 격려하기

점수, 맞은 문제 개수가 여덟 살 아이의 일생일대 목표라도 되는 것처럼 안절부절못해서는 아이의 학교생활에 에너지가 솟아날 수가 없습니다. 부모는 아이의 마음이 공부를 통해 성장하도록 도와야 합니다. 점수 집착을 멈추고 아이 자신에게 집중할수록 스트레스는 줄어들고 공부가 점점 재미있어집니다. 그러면 점수는 자연스레 오르게 되는 것입니다.

아이는 공부하는 동안 '내 마음을 다듬는 일'에 온전히 집중할 수 있습니다. 어른들 대부분이 10대에 만들어 놓은 마음가짐으로 평생을 살아갑니다. 초등학교 1학년 때 만들어 놓은 마음가짐으로 초등 6년을 보내는 것도 같은 맥락입니다. 오늘 아이에게 이렇게 말해 보세요.

"엄마는 네가 열심히 공부하는 모습이 참 보기 좋았어. 노력하는 우리 ○○ 멋지다."

핵심 콕콕!

✔ 받아쓰기 문장을 여러 번 읽어 연습하기

✔ 받아쓰기 문장을 어절 단위로 쪼개어 불러 주기

✔ 받아쓰기 후 틀린 문장만 다시 써 보기

✔ 받아쓰기 연습이 지루하지 않도록 다양한 방법으로 변화 주기

✔ 잘할 수 있다고 마음을 다해 격려하기

1학년 받아쓰기 급수표

받아쓰기 공부하는 방법

· 소리 내어 문장을 읽습니다.

· 문장을 바른 글씨로 따라 씁니다.

· 틀린 문장은 스스로 다시 써 보며 공부합니다.

연습하기	1급	2급	3급	4급	5급	6급
	7급	8급	9급	10급		

[1단원] 소중한 책을 소개해요

1	낚	시							
2	발	가	락						
3	돌	잔	치						
4	예	쁘	다	.					
5	꼼	질	꼼	질					
6	맛	있	어	요	.				
7	공	룡		이	야	기			
8	학	교	에		갔	다	.		
9	밥	을		먹	었	다	.		
10	나	는		책	이		좋	아	요	.

[2단원] 소리와 모양을 흉내 내요.

1	도	화	지							
2	주	렁	주	렁						
3	물	이		없	어	.				
4	바	람	이		씽	씽				
5	친	구	와		놀	았	다	.		
6	해	바	라	기	가		쑥	쑥		
7	단	풍	이		울	긋	불	긋		
8	모	래	성	을		쌓	았	다	.	
9	강	아	지	도		신	이		나	서
10	즐	거	운		시	간	을		보	냈 다 .

[3단원] 문장으로 표현해요

1	싸	우	지		마	!				
2	재	미	있	겠	지	?				
3	가	을		하	늘	에				
4	시	작	했	습	니	다	.			
5	응	원	을		합	니	다	.		
6	김	밥	을		먹	습	니	다	.	
7	넓	고		푸	른		초	원	에	
8	호	수	가		잔	잔	합	니	다	.
9	동	화	책		읽	을		거	야	.
10	마	주		보	고		웃	었	어	요 .

[4단원] 바른 자세로 말해요

1	시	간	이		흘	러				
2	말	도		안		돼	.			
3	달	걀	을		낳	으	면			
4	준	비	해		보	아	라	.		
5	또	박	또	박		말	한	다	.	
6	공	부	할		것	입	니	다	.	
7	숲	속	에	서		반	상	회	가	
8	나	가	시	면		어	떡	해	요	?
9	내		꿈	은		요	리	사	입	니 다 .
10	아	침	에		일	찍		일	어	나 요 .

189

[5단원] 알맞은 목소리로 읽어요

1	며 칠 이	지 나 서				
2	우 리	집 에	와 .			
3	젓 가 락	두	짝 이			
4	문 에	끼 지	않 게			
5	꼭	안 전 띠 를	매 요 .			
6	모 두	꺼 내	가 야 지 .			
7	지 금 은	안	됩 니 다 .			
8	즐 거 운	일 이	있 으 면			
9	고 운	털 이	날	테 니		
10	새 끼	새 가	되 었 습 니 다 .			

[6단원] 고운 말을 해요

1	가 지 고	싶 다 .				
2	기 쁘 게	반 겼 어 .				
3	나 가 서	축 구 하 자 .				
4	내	장 난 감	봐 라 .			
5	옷	많 이	젖 었 니 ?			
6	찾 아 서	다 행 이 다 .				
7	사 이 좋 게	대 롱 대 롱				
8	공 놀 이	같 이	할 래 ?			
9	시 간 을	꼭	지 켜	줘 .		
10	오 순 도 순	나 눠	먹 었 어 .			

[7단원] 무엇이 중요할까요

1	마 음 씨	착 한					
2	나 무 를	잘	타 요 .				
3	이 야 기 를	엿 듣 던					
4	골 고 루	먹 었 으 면					
5	어 떤	열 매 일 까 요 ?					
6	조 심 히	옮 깁 니 다 .					
7	솜 사 탕 을	먹 고	있 는				
8	거 북 이	아 저 씨 랑	함 께				
9	배	안 에	쌓 여	갔 어 요 .			
10	큰	소 리 로	알 려 야	한 다 .			

[8단원] 띄어 읽어요

1	나	는		자	라	요	.					
2	꼭		껴	안	아		주	는				
3	소	화	가		잘	됩	니	다	.			
4	무	릎		사	이	에		끼	워			
5	가	위	를		사	용	합	니	다	.		
6	어	디	로		가	는		것	일	까	?	
7	오	랜	만	에		만	난		가	족	은	
8	몸	을		튼	튼	하	게		합	니	다	.
9	종	이	에		딱		붙	이	는		순	간
10	처	음	으	로		무	지	개	를		보	고

[9단원] 겪은 일을 글로 써요

1	서	점	에		갔	다	.					
2	날	개	도		없	는	데					
3	빨	갛	기		때	문	이	다	.			
4	내	가		읽	고		싶	었	던			
5	물	건	을		사	는		사	람	도		
6	도	깨	비		인	형	도		팔	고		
7	언	제		어	디	에	서		누	구	와	
8	사	이	좋	게		지	낼		것	이	다	.
9	하	늘	에	서		떨	어	지	지		않	고
10	모	둠	마	다		가	게	를		만	들	었	다	.

[10단원] 인물의 말과 행동을 상상해요

1	밤	이	나		낮	이	나					
2	새	들	이		날	아	와					
3	다	리	를		쭉		뻗	고				
4	엄	마	,		내	가		씻	을	래	.	
5	그	것		참		잘	됐	구	나	.		
6	붉	은		여	우		아	저	씨	는		
7	홀	로		앉	아		있	었	어	요	.	
8	친	구	를		만	난		거	예	요	?	
9	멋	진		옷	을		부	탁	했	어	요	.
10	팔	랑	거	리	는		치	마	가		좋	아	요	.

일상생활 속에서
수학 이야기 나누기

　　수학 문제와 만났을 때 즐겁게 도전하는 아이들도 있지만 도움만 바라거나 아예 포기하는 아이도 있습니다. 학습 편차가 가장 심한 교과가 아마 수학일 것입니다. 해당 학년에서 반드시 알고 넘어가야 할 기본 개념과 문제 해결력을 갖추지 못하면 다음 단계나 다음 학년에서 부진할 수밖에 없고, 부진의 누적은 처음으로 다시 돌아가서 시작하지 않는 한 극복하기 힘듭니다. 따라서 초등 1학년 수학에서는 기본적인 학습 태도와 자신감을 심고 가는 것이 중요합니다. 수학 공부의 자신감은 수업 시간에 익히는 개념을 확실하게 알고 넘어가는 데서 자라납니다.

1학년 수학 교과서의 흐름을 살펴보면, 5까지의 수 가르고 모으기 → 9까지의 수 가르고 모으기 → 10 이상의 수 가르고 모으기로 구성되어 있습니다. 수 감각을 익혀 가며 충분히 훈련을 하는 것이지요. 가르기와 모으기를 충분히 연습하면 한 자릿수 덧셈과 뺄셈 → 두 자릿수와 한 자릿수 덧셈과 뺄셈 → 받아 올림과 받아 내림이 있는 덧셈과 뺄셈 순서로 배웁니다. 10의 보수의 개념을 충분히 익히지 못하면 받아 올림과 받아 내림이 있는 연산이 힘들 수밖에 없지요. 그렇다면 가정에서는 이것을 어떻게 쉽게 익힐 수 있을까요?

간식거리로 '가르기와 모으기' 익히기

교과서에 나오는 가르고 모으기 활동을 일상생활에서도 자연스럽게 놀이하면서 해 볼 수 있습니다. 식사시간에도 수 개념을 익힐 수 있지요. 저녁 식사를 마치고 먹는 과일이나 주말에 먹는 간식을 이용하여 가르고 모으기 연습을 해 보세요. 10의 보수(2와 8, 1과 9) 개념도 아이가 재미있고 쉽게 익힙니다.

구체물에서 반구체물인 바둑알, 공깃돌, 클립, 주사위 등을 이용해 놀이를 해도 좋아요. 누가 먼저 9를 만드는지, 누가 바둑알을 많이 넣는지 등 간단한 게임으로 익히면 수를 쉽게 이해하고 익숙해지는 데 도움이 됩니다.

마지막으로 놀이를 통해 경험한 것을 숫자와 식으로 곧장 풀어낼 수 있도록 여러 번 반복 연산하는 단계로 마무리하면 덧셈, 뺄셈 연산 능력을 향상시킬 수 있습니다. 문제해결의 기초 능력인 덧셈과 뺄셈을 능숙하게 하기 위해서는 숫자로만 가르고 모으는 연습이 완전히 되어야 합니다.

아날로그 시계로 시계 보는 연습하기

부모 세대는 어렸을 때 시계 보는 방법을 따로 배웠는데, 요즘은 아이들의 손목에 채워 주는 시계도 디지털 시계일 만큼 시대가 변했어요. 그만큼 시계 보는 연습을 할 기회가 적습니다.

아이가 학교생활을 하게 되면 시간 개념이 필요한 순간이 자주 찾아옵니다. 등교 시간, 쉬는 시간, 점심 식사 시간, 할 일을 마치고 교실로 돌아오는 시간, 하교 시간, 활동을 마무리하는 시간 등 시계를 읽을 줄 알면 훨씬 더 편리한 상황이 많아요.

1학년 2학기 수학 교과서의 5단원 '시계 보기와 규칙 찾기'에서는 정각과 몇 시 30분의 간단한 시각 개념을 알려 주긴 하지만, 아이들이 시계 보는 법을 꽤 어려워하기 때문에 가정에서도 지도를 해 주는 것이 좋습니다.

아이들은 아날로그 시계를 접할 일이 별로 없기 때문에 일단 집에 있는 아날로그 시계를 거실에 걸어 두고 자주 살펴보는 것을 추천합니다. 저는 아이와 함께 거실에서 시곗바늘을 돌려 가며 바늘의 움직임을 함께 살펴보고 구체적인 경험을 통해 익히게 했어요. 아이는 직접 경험한 것을 그대로 기억합니다. 시곗바늘이 12에 가면 정각이라는 것, 분침이 6에 가면 30분이고, 분침이 움직이는 동안 시침도 같이 움직인다는 것을 눈으로 직접 보며 익혀야 기억에 확실히, 오래 남아요.

일상생활에서 수학 이야기 나누기

아이에게 수학 문제집을 풀게 하거나 수학 관련 책을 읽히는 것도 좋지만 일상에서 수학 이야기를 하며 더욱 쉽게 체득하게 할 수 있어요. 다음과 같이 아이와 이야기를 나누어 보세요.

- 아파트 동, 층수 세기: "801동, 802동, 803동… 809동 다음은 뭘까?"

- 층수 거꾸로 세기: "엘리베이터가 내려오고 있네. 15, 14, 13…3, 2, 1. 드디어 1층이야!"

- 5, 10개씩 묶어 세기: "요구르트를 한 묶음씩 세어 볼까? 5, 10, 15, 20… "

- 2개씩 뛰어 세기: "계단을 2칸씩 올라가 보자. 2, 4, 6, 8… 아이고, 숨 차!"

아이가 수학 수업을 잘 따라가고 있는지 확인하고 싶다면

아이의 수학 학업 수준을 가늠해 보고 싶다면 수학익힘책 문제를 풀어 보게 하면 됩니다. 개념을 잘 이해하고 있는지, 이해한 개념을 활용하여 문제를 잘 푸는지, 연산 실수는 하지 않는지 등을 수학익힘책을 푸는 것으로 모두 확인할 수 있어요. 그래서 저는 학부모들에게 학교에서 공부하는 수학익힘책을 한 권 더 구매하여 가정에서 풀어 보게 하는 것을 추천합니다. 가성비와 효과 둘 다 잡는 확실한 방법이에요.

양치 시간이 길어진다고 해서 이가 건강해지는 것은 아닙니다. 매일 같은 시간 짧고 확실하게 음식물을 닦아 내어야 이와 잇몸을 챙길 수 있습니다. 연산도 마찬가지입니다. 적어도 초등 시절 6년간은 매일 유지해야 하는 중요한 학습 훈련입니다.

핵심 콕콕!

- ✔ 간식거리로 '가르기와 모으기' 익히기
- ✔ 아날로그 시계로 시계 보는 연습하기
- ✔ 일상생활에서 수학 이야기 나누기
- ✔ 수학익힘책을 활용하여 아이의 현재 수학 실력 점검하기
- ✔ 매일 꾸준히 연산 훈련하기

1학년, 의미 있는 수학 공부로 나아가는 방법을 알려 주세요

. . . .

박현수

前 초등 교사, 더배움교육연구소 공동 대표
《야무지게 읽고 쓰는 문해력 수업》《초등 1학년 학습 성장의 모든 것》
《하니쌤의 주제 글쓰기》《하니쌤의 그림일기》《뚝딱! 세 줄 쓰기》 저자

효과적인 학습을 위해 무엇이 필요할까요? 많은 교육 전문가가 이 질문에 대한 답으로 '의미'를 말합니다. 공부 내용이 아이들과 동떨어진 것이 아닌, 관련된 것으로 의미 있게 다가가야 한다는 것입니다.

부모들은 '수학 공부'라고 하면 대부분 '수학 문제집 풀기'를 떠올립니다. 하지만 수학 문제집을 푸는 것만으로 의미 있는 수학 공부가 되기 어렵습니다. 적절한 수준에서 수학 문제집을 푸는 공부도 필요하지만, 이와 함께 수학 공부를 의미 있게 만들어 주는 활동이 필요합니다. 이를 위해 할 수 있는 일이 '일상생활 속에서 수학 이야기 나누기'입니다.

초등 1학년 시기에는 자연수 개념과 덧셈과 뺄셈 원리를 제대로 이해하는 일이 중요합니다. 일상생활에서 자연수, 덧셈, 뺄셈을 경험할 수 있도록 수학 이야기를 나누어 보세요. 문제집에 나올 법한 수학 문제를 묻고 답하는 것이 아닌, 일상생활 속 수학 이야기를 나누어야 합니다. 이를 통해 아이가 '수학이 나와, 그리고 일상생활과 깊은 관련이 있구나!' 하고 깨달을 수 있습니다.

한자 공부,
한 번쯤은 도전해 보기

한글 공부도 버거운데 한자라니? 하고 놀라는 부모님도 계실 텐데요. 초등학교 1학년은 무엇이든 노력하고 도전해 볼 수 있는 나이입니다. 우리나라는 한자 문화권이기에 실생활은 물론이거니와 1학년 교과서에도 한자 어휘가 많이 등장합니다.

초등학교 1~2학년, 한자 공부를 시작해도 되는 이유

저와 큰아이는 여름방학 기간을 이용하여 (사)한자교육

진흥회에서 주최하는 8급 시험을 준비했어요. 8급 시험 범위는 교과서 한자어 20자, 선정 한자 30자입니다. 8급 교과서 한자어를 살펴보면 공부(工夫), 친구(親舊), 학교(學校) 등 1학년 아이들이 일상생활에서 사용하는 단어들이라는 것을 알 수 있습니다.

교과서 한자어 중 친구(親舊)만 살펴보더라도 획수가 많아 부수 쓰기가 버거울 텐데 어떻게 한자 급수 시험을 보겠느냐고 걱정하지 않아도 됩니다. 한자 부수 쓰기는 시험에 출제되지 않습니다. 그래서 1학년이지만 도전해 본 것입니다.

※ [   ] 안의 한자어의 독음(소리)을 〈보기〉에서 찾아 쓰세요.

보기	의견 친구 내용
	식물 공부 학교

45. 세상에 [植物]이 없다면 모든 동물은 숨을 쉴 수 없습니다.

(   )

46. [親舊]에게 동화책을 빌려주었습니다.

(   )

47. [學校]에서 돌아오자마자 숙제를 하였습니다.

(   )

교과서 한자어 기출 문제

200

8급 기출 문제를 살펴보면 이와 같이 교과서 한자어 20자를 '문장의 문맥 속에서 유추하여 읽을 수 있는가'를 묻습니다. 그렇기 때문에 한자 급수 시험은 요즘 부모님들이 걱정하는 문해력 향상에도 도움을 줍니다.

한자 공부의 효과와 공부 방법

한자 공부를 했을 뿐인데 한글 공부도 되는 일석이조의 효과가 있습니다. 눈으로 한자를 익히다 보면 한자의 뜻과 음은 아는데 한글로 쓰면서 맞춤법이 틀리는 경우가 있어요. 한자 급수 시험을 준비하면 한자를 익힐 뿐만 아니라 1학년이 알아야 할 한글 맞춤법을 다시 한번 제대로 정확히 알 수 있습니다.

그렇다면 가정에서 아이의 한자 공부를 어떻게 도와줄 수 있을까요? 다음에 소개하는 방법 중 아이에게 가장 잘 맞는 방법으로 도전해 보세요.

첫째, 한자 카드 활용하기

제 아이의 경우 시각적으로 공부하는 것이 효과적인 편이었습니다. 그래서 한자 카드를 이용하여 한자와 뜻과 음을 짝지어 외우는 방법으로 익혔어요.

둘째, 화이트보드 활용하기

작은 화이트보드를 이용하여 문제를 내고 한자를 쓰게 했어요. 한자를 제법 익힌 뒤에는 제가 한자를 보여 주고 아이는 한자의 뜻과 음을 쓰게 했습니다. 예를 들어 제가 화이트보드에 木을 쓰면, 아이는 한글로 '나무 목'이라고 쓰도록 연습했어요. 학습 도구를 화이트보드로 바꿨을 뿐인데 게임처럼 느껴지는 공부를 할 수 있습니다.

셋째, 조금 더 정확히 익히기

헷갈리기 쉬운 한자를 정확히 구분할 수 있게 가르쳐 주었어요. 예를 들어 八(여덟 팔)과 人(사람 인)처럼 비슷하게 생겼지만 다른 한자들을 구분하여 익혔어요.

· 아이들이 헷갈리기 쉬운 한자

모양이 닮아서 헷갈려요!	九(아홉 구) vs 七(일곱 칠)
	八(여덟 팔) vs 人(사람 인)
	水(물 수) vs 木(나무 목)
	月(달 월) vs 日(날 일)
	土(흙 토) vs 上(윗 상)
맞춤법이 어려워요!	八(여덟 팔), 土(흙 토)
정확한 한글로 써야 해요!	山(메/뫼 산), 二(둘 이), 女(계집/여자 녀)

넷째, 백 점 맞고 싶다면 반드시 오답 노트 쓰기

한자 급수 따기에 목표를 둔다면 위에서 제시한 3단계만

해도 충분합니다. 그런데 제 아이는 100점 맞고 싶다는 소망을 내비쳤어요. 무더웠던 여름 방학에 식탁에 앉아 함께 노력한 시간이 떠올랐나 봅니다. 그래서 100점이라는 목표를 이루기 위해 시험 보기 직전 며칠 동안 시험 기출 문제 여러 회차를 인쇄하여 풀어 보게 했어요. 그랬더니 잘 틀리는 문제 유형과 자주 틀리는 한자가 보이더라고요. 그래서 시험 보기 전 마지막 주간에는 그 부분에만 집중했어요. 덕분에 합격 통지서와 목표했던 100점을 얻었습니다.

"100점이 중요한가요?"라고 물으시면 저는 이렇게 대답하고 싶어요. 1학년 아이들은 '작은 성공'을 여러 번 경험해 봐야 한다고요. 꼭 100점 맞고 싶다는 아이의 소망이 있었기에 매일 쌓아 온 노력이 의미 있었습니다. 아이의 자신감은 스스로 정한 목표를 성취하는 과정에서 차곡차곡 적립돼요.

핵심 콕콕!

✔ 어휘력, 문해력 향상을 위해 한자 공부 도전해 보기
✔ 한자 카드를 활용해 공부하기
✔ 화이트보드를 활용해 게임처럼 공부하기
✔ 헷갈리는 한자는 따로 정리하여 정확히 익히기
✔ 오답 노트를 활용하여 고득점 받고 성취감을 느끼게 해 주기

8급 한자어

九	아홉	구	山	메	산	人	사람	인
口	입	구	三	석	삼	日	날	일
女	계집	녀	上	위	상	一	한	일
六	여섯	육	小	작음	소	子	아들	자
母	어머니	모	水	물	수	中	가운데	중
木	나무	목	十	열	십	七	일곱	칠
門	문	문	五	다섯	오	土	흙	토
白	흰	백	王	임금	왕	八	여덟	팔
父	아버지	부	月	달	월	下	아래	하
四	넉	사	二	두	이	火	불	화

8급 교과서 한자어

공부	工夫	사물	事物	의견	意見
내용	內容	생활	生活	인물	人物
동물	動物	선생님	先生님	주의	注意
문장	文章	식물	植物	친구	親舊
				학교	學校

출처: (사)한자교육진흥회

1학년 한자 공부,
어떻게 해야 할까요?

박명선

초등 문해력 교육 전문가,《초등 문해력 한자 어휘가 답!》시리즈
《초등 어휘력이 공부력이다》《냥냥이랑 어휘로 쏙: 초등과학 3-1》
《학습 격차를 줄이는 수업 레시피》《평생 공부력은 초5에 결정된다》저자

1학년 한자 공부, 꼭 필요한가요?

그럼요, 학년이 올라갈수록 교과서를 읽고 이해하는 힘, 즉 문해력의 차이가 두드러지고 그 바탕에는 어휘력이 있습니다. 아이들이 어렵게 생각하는 어휘는 보통 한자어 중심의 개념어가 많기 때문에 한자의 음과 뜻을 알고 있다면 글을 읽는 데 훨씬 도움이 되지요. 학년이 올라갈수록, 공부량이 많아질수록 빠른 시간 안에 정확하게 읽고 이해하는 능력이 중요하잖아요.

1학년 한자 공부 도전, 어떻게 생각하시나요?

한자 공부의 목적이 우리말을 더 잘 이해하고 활용하기 위함이잖아요. 그래서 저는 우리말, 한글을 정확하게 읽고 이해하는 능력이 먼저라고 생각합니다. 1학년 아이들의 특징은 개별 학습 능력의 차이가 크다는 것이지요. 한글을 익숙하게 읽고, 그림책과 글밥이 적은 책을 잘 읽는 아이들에게는 한자 공부가 한글 심화 학습으로 의미가 있다고 생각합니다. 그러나

복잡한 받침 읽고 쓰기, 책을 의미 단위로 끊어 읽는 것이 자연스럽지 않다면 한글을 더 익히길 권합니다.

추천하는 한자 공부법이 있을까요?

한자 부수를 쓰고 외우기보다 한자를 배움으로써 우리말의 의미를 유추할 수 있도록 공부하는 것이 중요합니다. 글 속에서 새로운 단어를 만났을 때 당황하지 않고 어떤 뜻일지 알 수 있도록 음과 훈을 중심으로 공부하는 것을 추천합니다. 공부에 도움이 될 만한 책으로는 한자를 한 번도 쓰지 않고도 어휘를 확장할 수 있는 《초등 문해력 한자 어휘가 답! 시리즈》를 추천합니다.

방학 활용하여
탄탄한 실력 쌓기

아이가 그토록 기다리고 기다리던 방학이 되면 부모님들은 아이와 무엇을 하며 시간을 보낼지 고민합니다. 체험, 여행, 휴식 다 좋아요. 하지만 정해진 시간 내에 다 해내려하다가는 무엇 하나 제대로 하지 못하고 지나가 버릴 수도 있어요. 저는 단순한 사람이라 방학 때 하면 좋다는 것들을 모두 해낼 자신이 없었습니다. 대신 1학년인 아이와 '채움과 충전'에 포인트를 두어 그것만은 해내자는 생각으로 방학을 보내 보았습니다.

방학 숙제, 기본에 충실하기

학교에서 나누어 주는 여름방학 계획표를 살펴보면 기본 과제 두세 가지가 있을 것입니다. 오른쪽의 여름 방학 계획표를 보면 그림일기 쓰기(주 2회 이상), 책 읽기(독서 기록 남기기), 운동하기(운동기록 남기기)가 필수 과제네요. 방학 첫날에는 별것도 아니겠다, 싶은 숙제가 개학을 앞두고는 골칫거리가 되는 현실을 잘 알고 있어요. 벼락치기로 숙제를 하느라 아이도 부모도 힘들 필요가 없습니다. 우선순위를 정해 루틴을 만들면 쉬워요. 기본으로 할 일을 먼저 결정하고 가능한 한 매일, 꾸준히 해 보세요.

방학 동안 할 것 우선순위 정하기

1. 국어 활동 바른 글씨 쓰기

2. 학교 국어 읽기

3. 수학 연산 활동지나 교과서 내용 중 마무리하지 못한 것 끝내기

4. 매일 줄넘기 연습하기

5. 매일 독서하고 독서 기록 남기기

6. 계절 놀이 즐기기(여름: 물놀이, 겨울: 스케이트, 눈썰매)

신나는 여름방학

00초등학교 1학년 (   )반 (   )번 이름(   )

- ● 방학기간 : 2024년 0월 00일 ~ 0월 00일 (00일 간)
- ● 개 학 일 : 2024년 0월 00일, 8시 50분 까지 등교 (급식실시)
  - 준비물 : 방학계획서, 방학과제, 실내화, 알림장, 필기도구, 물병
- ● 국기 다는 날 : 8월 15일 광복절
- ● 학교 도서관 개방 : 7월 29일 (월) ~ 8월 16일 (금) 9:30~11:30

★ 학부모님께

안녕하십니까?
  학생들이 초등학교에 입학하여 처음으로 방학을 맞이하였습니다. 우리 어린이들이 스스로 세운 방학 계획을 꾸준히 실천하도록 도와주시고, 안전하고 건강한 여름방학이 되도록 지속적인 사랑과 관심을 주시기 바랍니다.
  보람된 방학을 보내고 2학기를 활기차게 맞이하기를 기대합니다. 감사합니다.

2024년 0월 00일 1학년 담임 드림

꼭 실천해요

<건강한 생활>
- □ 생활계획 세우고 규칙적인 생활하기
- □ 외출하고 돌아오면 손발 깨끗이 씻기
- □ TV 시청, 스마트 폰 사용시간 줄이기
- □ 집안일을 돕고, 내 일은 내 힘으로 하기

<안전한 생활>
- □ 낯선 사람 따라가지 않고, 외출 시 부모님 허락받기
- □ 후미진 길, 늦은 시간에 혼자 다니지 않기
- □ 위험한 곳에서 물놀이 하지 않기
  - 수영장, 하천, 해변에서는 부모님 시야 안에 머물기
- □ 집에 혼자 있을 때 현관문 열어 주지 않기
  - 택배는 현관문 앞에 두기
- □ 교통규칙 지키기(외출 시 밝은 색 옷 입기)
- □ 아동학대 신고 112

🍉 방 학 과 제

🍉 **필수과제**
1. 그림일기 쓰기 (주2회 이상)
2. 운동·독서(독서기록) 하기 (5-7쪽)

🍉 **선택과제**
1. 선택 과제(2쪽 참고/   번)

방학계획서와 방학과제를 개학일에 가지고 오세요.

- ☎ 우리 학교 : (000- 000-0000)
- 📱 우리 선생님 : (010 -   )

1학년 여름방학 계획표(예시)

부족한 실력, 방학 동안 채워 보기

학교에서는 한 학기를 마치면 학기 동안 배운 교과서와 학습기록을 집으로 되돌려 보냅니다. 국어의 경우, 학교에서는 1학기 동안 주교재인 국어-1-가/나(2권)를 활용하여 수업을 진행합니다. 워크북으로 사용하는 국어 활동(1권)은 단원 내용과 연관된 읽기 자료와 한글 쓰기 자료가 수록되어 있어요.

아이의 국어와 수학 교과서를 유심히 살펴보세요. 아이가 마무리하지 못한 내용이 눈에 들어올 거예요. 글씨체가 반듯하지 않거나 겹받침 한글을 읽고 쓰는 것이 부족하다면 국어 활동 부록 한글 쓰기 자료를 마무리해 보는 것을 제안합니다. 한글 문제집을 사지 않아도, 방문 학습지 강습을 하지 않아도 교과서만으로 충분히 공부할 수 있어요.

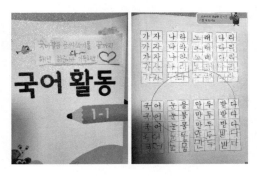

국어 활동 글씨 연습 마무리 결과물

독서 경험 늘려 주기

방학 기간에 학교 도서관과 지역 도서관을 적극적으로 활용해 보세요. 아이와 조용하고 안전한 도서관에서 책의 즐거움에 푹 빠져 보는 것은 어떨까요? 저는 학습 만화만 들춰 보고 킥킥대더라도 도서관을 제집 드나들 듯이 하는 아이는 분명 뭔가가 다를 것이라는 생각으로 아이를 키우고 있습니다. 학습 만화를 보는 게 핸드폰 영상에 빠지는 것보다 백 번 낫다고 생각하거든요. 방학 계획표에 학교 도서관 운영 일정을 괜히 적어 주는 것이 아니에요. 돌봄이 필요한 맞벌이 가정을 위해 아이의 학원 일정 사이, 비는 시간 언제든지 도서관에 와서 시간을 보내도록 안전한 장소와 시간을 안내해 주는 것입니다.

아이의 평생 독서 습관 지름길을 초등학교 1학년 때부터 내어 주세요. 아이가 커 가면서 공부 습관이 잡히면 학교 도서관이든, 동네 도서관이든 스스로 갔다 오겠다고 나설 것입니다. 아이의 뒷모습을 보면 얼마나 흐뭇하고 뿌듯한지 모릅니다. 온종일 도서관에 가서 시간을 보내고 오는 날들이 늘어나고 좋아하는 분야에 대한 지식과 상식이 겹겹이 쌓여 아이의 단단한 실력이 될 것입니다.

방학은 더 성장하고 내면을 다지는 시간

방학 동안 아이가 스스로 자신의 강점과 약점을 생각해 보고 강점은 더 성장시키고 약점은 강점으로 발전시킬 수 있는 목표를 세워 보았으면 좋겠습니다. 아이가 못 찾으면 부모와 대화하며 찾아보면 됩니다. 그리고 스스로 해 보고 싶은 숙제도 정해 보고 그 모든 것을 열심히 한 미래의 나에게 하고 싶은 말을 써 보는 것은 어떨까요?

성장을 위해서는 조금 더 노력하고, 조금 더 해 보는 그 사소한 차이가 중요하다고 생각해요. 조금 어렵지만 한 번 더 해 보는 것, 한 글자 더 써 보는 것, 한 번 더 읽어 보는 것, 한 번 더 풀어 보는 것. 이런 '조금 더'의 순간들이 모여 학교생활 1년을 마칠 때쯤에는 눈부신 성장을 이루리라 믿어 의심치 않습니다. 제가 만났던 학생들도 그랬기에, 제 아이도 그럴 거라 믿고 응원하고 있습니다.

아이와 함께 방학 때 어떤 공부를 하고 여가 시간에는 무엇을 할지 함께 계획을 세워 보세요. 계획을 세우고 그것을 잘 실천하는 경험이 아이를 더욱 성장하게 할 것입니다.

· 방학 일과 예시

구분	월	화	수	목	금
오전	바른 글씨 줄넘기 연습	수학 연산	바른 글씨 줄넘기 연습	수학 연산	바른 글씨 줄넘기 연습
오후	리딩 게이트 (파닉스)	도서관	리딩 게이트 (파닉스)	도서관	리딩 게이트 (파닉스)
저녁	산책	자전거	산책	자전거	산책

겨울 방학의 경우, 산책이나 자전거 타기와 같은 신체 활동을 따스한 오후에 배치하고 책읽기와 영어 공부는 저녁에 배치하는 것이 좋겠죠?

핵심 콕콕!

✔ 방학은 '충전'과 '채움'을 목표로 보내기
✔ 아이의 학습 결과물을 파악하고 부족한 부분 공부하기
✔ 방학 숙제는 몰아서 하지 않고 우선순위를 정해 매일 하기
✔ 도서관에서 보내는 시간 늘리기
✔ 아이와 함께 방학 동안 할 일을 계획하고 실천해 보기

습관은 독립을 위한
첫걸음입니다

1학년 학교생활의 가장 큰 목표는 일관되고 규칙적인 습관을 통해 안정감을 얻고 학교생활에 자신감을 높이는 것입니다. 엄마가 모든 것을 다 챙겨 주는 것이 초등 1학년 생활이 아닙니다. 초등 1학년은 자립과 독립의 경험을 여러 번 해 봐야 합니다. 엄마의 도움이 아이의 자립을 위한 것인지, 아닌지 늘 방향을 살펴보세요. 엄마의 도움은 정보력이 아닙니다. 예쁘게 싼 도시락도 아닙니다.

습관이 잘 잡힌 아이들은 초등 저학년임에도 불구하고 스스로와 약속한 오늘의 할 일을 해내어 바쁜 부모의 손을 덜어 줍니다. 이제는 아이가 스스로 혼자 할 수 있겠다는 모습에 안도하고 엄마의 다음 꿈을 꿀 수 있게 합니다. 좋은 생활 습관과 공부 습관은 초등 1학년 아이에게 반드시 필요하고 부모는 최선을 다해 습관을 잡아 주어야 합니다.

부쩍 성장한 아이를 학교에 보내는 부모님들과 두근두근 설레는 마음으로 학교생활을 시작하는 아이들에게 축하와 응원의 마음을 전합니다.

예비 초등 부모를 위한 초등 입학 안내서

우리 아이 첫 입학 준비

초판 1쇄 인쇄 2023년 11월 27일
초판 1쇄 발행 2023년 12월 4일

지은이 김성화

대표 장선희 **총괄** 이영철
책임편집 한이슬 **기획편집** 현미나, 정시아, 오향림
책임디자인 김효숙 **디자인** 최아영
마케팅 최의범, 임지윤, 김현진, 이동희
경영관리 전선애

펴낸곳 서사원 **출판등록** 제2023-000199호
주소 서울시 마포구 성암로 330 DMC첨단산업센터 713호
전화 02-898-8778 **팩스** 02-6008-1673
이메일 cr@seosawon.com
네이버 포스트 post.naver.com/seosawon
페이스북 www.facebook.com/seosawon
인스타그램 www.instagram.com/seosawon

ⓒ 김성화, 2023

ISBN 979-11-6822-237-3 13590

서사원은 독자 여러분의 책에 관한 아이디어와 원고 투고를 설레는 마음으로 기다리고 있습니다.
책으로 엮기를 원하는 아이디어가 있는 분은 이메일 cr@seosawon.com으로 간단한 개요와 취지,
연락처 등을 보내주세요. 고민을 멈추고 실행해보세요. 꿈이 이루어집니다.